基于变形安全防控的高土石坝抗震安全评价

李红军　严祖文　杨正权　著

科 学 出 版 社
北　京

内 容 简 介

本书围绕我国西部大开发、西电东送及南水北调等战略需求,对坐落于西部地震高发地区一大批正在或即将兴建高土石坝水电项目的抗震安全性进行深入研究。对高土石坝地震动力变形分析方法、抗震加固措施及安全评价等关键问题开展了系统的研究工作,进一步发展了高土石坝地震永久变形分析方法,为高土石坝基于变形安全防控的抗震设计奠定了基础。

本书可以作为土木工程、水利水电工程、交通工程,特别是岩土工程专业学生的教材或参考书,也可以供相关工程技术人员参考。

图书在版编目(CIP)数据

基于变形安全防控的高土石坝抗震安全评价/李红军,严祖文,杨正权著.—北京:科学出版社,2015

ISBN 978-7-03-043957-4

Ⅰ.①基… Ⅱ.①李…②严…③杨… Ⅲ.①高坝-土石坝-抗震-安全评价 Ⅳ.①TV641.1

中国版本图书馆 CIP 数据核字(2015)第 056492 号

责任编辑:钱　俊　周　涵 / 责任校对:彭　涛
责任印制:张　倩 / 封面设计:铭轩堂

科 学 出 版 社 出版

北京东黄城根北街 16 号
邮政编码:100717
http://www.sciencep.com

双青印刷厂印刷

科学出版社发行　　各地新华书店经销

*

2015 年 4 月第 一 版　开本:720×1000　1/16
2015 年 4 月第一次印刷　印张:12 3/4
字数:244 000

定价:**78.00 元**
(如有印装质量问题,我社负责调换)

前　　言

我国是世界上水能资源最丰富的国家,水电开发总量还余约 4.2 亿千瓦,规划到 2020 年开发 1.7 亿千瓦。而我国的水能资源 80％以上都分布在西部地区,且开发利用率不足 10％,这对于推进"西部大开发"战略决策,实现"西电东送",推动西部社会经济发展是重要的优势资源。目前,西部地区金沙江、雅砻江、澜沧江以及大渡河等流域一批超高土石坝工程正在规划建设中,如 245m 古水堆石坝、265m 虎跳峡堆石坝、295m 两河口堆石坝、314m 双江口堆石坝等。这些高坝大库工程对合理开发利用水资源,保证国民经济的可持续发展有着极其重要的意义。然而一旦这些工程失事所造成的生命财产损失和生态环境破坏也将是灾难性的。我国是一个多地震国家,西部地区断层发育多,地震环境复杂,地震的强度和发震频度都很高。据中国地震局统计,我国近代 82％的强震都发生在该地区。从 20 世纪以来,在该地区就发生过 17 起 7 级以上的大地震,其中最为典型的为 2008 年 5 月 12 日发生的汶川大地震和 2010 年 4 月 14 日发生的玉树大地震。在如此复杂地震区修建超高土石坝,既缺乏先例,也少有国外经验可借鉴。而超高土石坝一旦遭受强震溃决,将给下游地区的人民生命财产安全和环境带来极其严重的危害。在 5·12 汶川大地震中,据统计全国共计有 2385 座水库受损,其中以紫坪铺面板堆石坝最为典型,坝高 156m,距汶川地震震中仅 13km,在超设计地震荷载作用下受损较为严重,其主要震害表现在坝顶震陷(73cm)和开裂,分期面板错台和防渗体拉压破坏。因此,对强震区域修建超高坝的抗震安全问题必须给予足够的重视,采取合理有效的分析方法,进行针对性的抗震安全性验算和必要的抗震加固措施,以预防或降低未来可能遭受破坏性地震时发生的损害或溃坝风险。

迄今为止,在传统的土石坝抗震安全评价中,工程师们多基于现行的《水工建筑物抗震设计规范》给出的最小允许安全系数衡量其抗震安全性。事实证明,这类评价方法无法反映坝体的动力响应特性及地震输入特性,得到的安全系数也不能充分反映坝体的抗震安全度,基于地震变形控制的高土石坝抗震设计代表着未来的发展方向。振动台模型试验结果和震害实测资料表明,地震引起的变形与高土石坝的抗震安全性息息相关,积极发展基于变形安全防控的高土石坝抗震稳定分析具有重大的工程意义和社会意义。

　　本书围绕着我国西部大开发、西电东送及南水北调等战略需求,结合我国西部地区正在或即将兴建一大批位于地震高发地区的高土石坝水电项目关于抗震安全性的工程需求。在国家自然科学基金重点项目"高土石坝变形分析与安全控制"(50639060),国家自然科学青年基金"高土石坝加筋坝体安全评价与极限抗震能力研究"(51009021)和流域水循环模拟与调控国家重点实验室的资助下,对高土石坝筑坝堆石料动力变形特性、地震动力变形分析方法、抗震加固措施及安全评价等关键问题开展了系统的研究工作,完善了高土石坝地震永久变形分析方法,为基于变形安全防控的高土石坝抗震设计奠定了基础。

　　全书共 8 章。第 1 章简要回顾了当前国内外高土石坝抗震安全评价的研究现状。第 2 章讲述了目前常用的几种高土石坝动力响应分析方法,重点探讨了坝料动力特性的围压依赖性对高土石坝动力响应的影响。第 3 章阐述了高土石坝整体地震变形计算方法,在传统方法的基础上提出了考虑模量逐步软化的拟静力变形分析法。第 4 章介绍了高土石坝坝坡地震滑动位移计算方法,包括"解耦型""耦合型"和"薄层单元型"Newmark 滑块位移法。第 5 章重点介绍了土工格栅等新型加筋材料在高土石坝抗震设计中的应用。第 6 章建立了基于塑性滑移变形安全控制的高土石坝抗震加固措施安全评价方法。第 7 章探讨了高土石坝的极限抗震能力和地震变形安全控制标准。第 8 章详细介绍了基于变形安全防控的抗震安全评价方法在在建和拟建的高土石坝工程中的应用。

　　本书在编写过程中,得到迟世春教授、赵剑明教授以及中国水利水电科学研究院岩土工程研究所全体同仁的支持和帮助,在此表示感谢。

　　由于作者水平有限,本书难免存在不足之处,敬请读者批评指正。

李红军

2015 年 3 月 17 日

目　　录

第1章 土石坝抗震安全

土石坝是当今坝工建设中最常见的一种坝型,也是发展最快的一种坝型。在水利工程的诸多坝型中,土石坝具有可利用当地材料筑坝、对地形地质条件适应性较好、造价较低、施工方法简单、抗震性能好等优点,在国内外水利水电资源开发过程中占有重要的地位。心墙堆石坝是在20世纪40年代以后才有所发展的,其背景是土力学理论和实践的发展,以及大型施工机具的出现,使得在合理工期内完成大量土石方成为可能。近几十年来,土质心墙堆石坝已逐渐成为世界上高坝建设的主流坝型之一。据20世纪90年代初统计,世界上已建和在建的坝高230m以上的高坝中,土质心墙堆石坝约占55.5%。全世界坝高超过15m的土石坝有29000多座,而在我国,各种坝高的拦河坝有86000多座,其中土石坝占95%以上。土石坝主要包括均质土坝、心墙坝和混凝土面板堆石坝等。据统计,1940年以前,很少有坝高超过100m的心墙堆石坝;1960~1990年是全世界心墙堆石坝快速发展时期,兴建的土石坝坝高、数量都有很大的增加;1990年后,兴建的心墙土石坝有减少的趋势,但兴建的土石坝多是150m以上的高心墙土石坝,建坝的高度和水库的规模越来越大。水坝关系着下游广大地区人民生命财产的安全,随着水库规模的增大,水坝带来的风险也随之增大。大坝安全为公共安全的重大问题,受到世界各国的普遍关注。据不完全估计,从12世纪以来,全世界约发生了2000余起的水坝事故,比较显著的大坝失事就有200多起,造成了灾难性的后果。引起水坝事故的原因多种多样,地震是对水坝安全构成威胁的重要因素之一,多次大地震中产生的大坝震害使大坝的抗震安全成为关注的重点之一。另外,根据我国能源发展的需要,一大批200~300m级的高土石坝和大型水库将在金沙江、澜沧江、雅砻江、大渡河、怒江和黄河上游等大江大河上进行建筑,这些大坝的高度和规模不少将接近和超过国外已建同类工程的水平。特别值得重视的是,这些大坝的设防地震加速度将远超过我国历史上的最高水平。20世纪90年代建设的小浪底心墙堆石坝(高160m),设计地震加速度为0.15g。但目前在建和将建的高土石坝的设计地震加速度将分别达到:糯扎渡心墙堆石坝(高261.5m)0.283g;两河口心墙堆石坝(高293.5m)0.288g;双河口心墙堆石坝(高314m)0.205g;猴子岩面板堆石坝(高219.5m)0.297g;吉林台面板堆石坝(高157m)高达0.462g。200~300m级土石坝的抗震安全成为设计中需要解决的关键技术问题之一[1-6]。

从国内外关于土石坝抗震安全评价的发展来看,在20世纪60年代以前,主要是采用以地震系数为代表的拟静力法来核算坝坡稳定。1964年日本新潟地震和美国阿拉斯加地震后,特别是 1971 年美国 San Fernando 地震中 Lower San Fernando 水力冲填坝的大规模坍滑事故引起了土石坝抗震安全评价方法的变革,发现传统方法在评价土石坝抗震性能方面所出现的矛盾日益增多,难以预测土石坝可能出现的多种震害。地震变形逐渐引起了人们的重视,对地震变形引起的土石坝震害开展了深入的研究。经过多年的发展,以地震变形安全防控为代表的土石坝抗震研究的水平取得了较大的进步,包括土石坝的动力材料特性、地震动力响应分析、地震变形、地震灾变机理等[5,7,8]。

在土石坝筑坝材料性质的研究方面,经过国内外学者多年的研究工作,已经取得了较多成果,积累了较为丰富的资料[9-13]。特别是随着高坝建设的发展,尤其是强震区高土石坝建设的发展,人们对高应力水平下堆石料、过渡料、风化料、砾石土等粗粒料的动力特性开展了深入的研究工作,尤其是通过"七五""八五"及"九五"科技攻关,在高土石坝坝料的动力特性和测试方法方面取得了一系列研究成果[9,13]。随着工程建设的需要,还需进行更深入的研究工作,如复杂应力及大应变条件下的动力本构模型和残余变形特性等都需要做进一步的研究工作。

在土石坝震害方面,科技工作者对近几十年的强震中的震害进行过详细调查,对土石坝的震害资料有较细致的收集和分析。在唐山、海城、通海和汶川等地震中,土石坝震害资料较为丰富。国内学者对土石坝震害的特点、类型、影响因素和经验教训等都进行了较为深入的调查、分析和总结,为土石坝抗震研究提供了基础资料。有关高土石坝动力特性和动力模型试验研究也取得了较大进展,获得了有关结构反应特性及破坏特征的资料数据。要进行高土石坝震害机理的研究,还需要更为丰富的、定量的资料以及强震区高土石坝的实际震害资料和地震反应记录等。

从国内外的研究现状来看,土石坝动力反应分析方法逐渐由二维的、等效线性的、总应力分析方法向三维的、真非线性的、考虑孔压扩散和消散的有效应力分析方法发展,而在库水、坝体、地基等的耦合非线性分析、复杂应力条件下的非线性本构模型、孔压计算模式、地震残余变形计算方法、接触面模拟及边界条件处理、地震动输入、高精度数值模拟和非线性计算方法等方面还需要进行深入的研究。工程上惯用拟静力法进行抗滑稳定分析来进行土石坝及地基的抗震安全评价,然而,传统的拟静力法不能很好地考虑与地震动特性密切相关的土体内部应力——应变关系和实际工作状态,求出的安全系数只是所假定的潜在滑裂面上的所谓安全度,无法得到实际内力分布和确定土体变形,也就无法预测土体失稳的发生和发展过程,更不能考虑局部变形对坝体稳定的影响。所以,近年来逐步发展了进行土石坝及地基的地震安全评价的动力法。在动力法中,为了进行抗震安全评价,首先对土石坝及地基进行地震反应分析,求出在地震作用下土体内部的应力和变形分布等,然后按照相应的破坏标准来评价大坝的安全性。动力法中的关键问题包括土石料动力特性的确定、土石坝及地基地震反应的分析、安全评价标准和理论方法等。

在非线性地震反应分析的基础上,研究高土石坝地震作用下的灾害机理、抗震安全性及防灾对策是高土石坝抗震研究中的关键问题,而研究地震破坏机理必须深入研究地震作用下结构的非线性问题,包括非线性材料性质、非线性破坏参数、非线性地震反应特征、非线性求解理论和实验方法。根据结构的破坏特征和工程的破坏机理提出合理的高土石坝抗震设计方法和抗震措施,并研究相应措施的作用机理,以解除地震灾害之虞,在研究中应重视它们的针对性、可靠性、实用性和经济性。

1.1　抗震安全评价内容

土石坝抗震设计中首先要考虑的问题是地震作用可能引起的坝的破坏方式,有以下几种情况值得重视。

1.1.1　典型震害

1. 库水漫顶

评价土石坝的抗震安全性取决于通过直接或间接方法所确定的预期变形的大小。如果地震变形导致坝顶低于水库水位,坝顶溢流造成的侵蚀可使坝发生破坏。直接方法是通过建立地震、坝体和坝基的计算模型预测坝的变形;间接方法则基于经验判断坝和地基的地震响应。震后稳定分析也是对变形的一种间接预测,如果震后稳定安全系数高,变形将局限于很小的范围(几英尺(1 英尺 = 0.3048m)或 1m 以内),除非作用的荷载十分剧烈。

变形大小取决于材料的强度。强震时由于动应力瞬时超过材料强度可产生永久变形,不过量值一般不大。对于饱和土,由于振动产生的孔隙水压力将使抗剪强度降低,也使动力变形比没有强度损失时大。对于十分松散的可压缩性土,由于过量的孔隙水压力增长,剩余的抗剪强度可能只占静力排水剪强度很小的一部分,这一过程通常称为"液化"。如果抗剪强度下降到低于维持静力稳定所需的数值,即使振动已经停止,在重力作用下,仍将产生很大的变形。液化评价将在下面阐述。有一种中间状态,称为"循环流动性"(cyclie mobilify),由于过量的超静孔隙水压力作用,初期的抗剪强度非常低,但随着大的剪应变发生,强度会逐渐增长。这种情况有助于防止整体稳定的丧失,但仍然产生较大的变形。

导致坝发生破坏的库水漫顶现象,还可能是以下原因引起的:①穿过水库或穿过坝基的断层活动,引起水库水位上升,超过坝顶(或使坝顶沉降低于水库水位);②地震引起的滑块排挤出很大容量的水体;③地震引起的涌浪。

2. 裂缝和内部侵蚀

如果坝由于地震激励或断层错动而产生变形,可能出现裂缝或内部反滤被切断,两者都将使坝由于侵蚀而破坏。裂缝多半发生在坝与混凝土结构(如溢洪道)相结合的界面处或在土石坝断面剧烈变化之处。也有迹象表明,如果坝已处于管涌边缘,即使不出现裂缝,振动也可能引起管涌破坏。坝所能承受的变形大小,即不会发生裂缝被侵蚀而引起坝的破坏,取决于坝和地基的土料特性、坝的内部分区和构造(滤层、排水和截水墙等)、地震时的水库水位,以及附属结构的性质和位置。如果存在穿过土石坝的管道,坝的变形可使管道破裂,或使缝的接头分离,两者都可能产生不通过滤层的渗流出口或使坝或地基暴露在未曾预计的水库全水头作用下而引起侵蚀破坏。沿着完好管道发生的侵蚀也会引起坝的破坏。

1.1.2　抗震防护措施

如果设计不当,许多情况可使坝处于安全危急状态或使坝发生破坏。不必进行大量的分析评价,只需简单地采取一些防护措施,即使在比较恶劣的情况下,也可使结构满意地运行。反之,防护措施设计不当,则可使其变为无效。有关的防护措施包含以下方面。

(1)对有问题的地基土料予以挖除。

(2)加宽用塑性土料建造的心墙能增强抵抗侵蚀的能力。

(3)在心墙上游敷设良好级配的过滤层,使有可能张开的裂缝得以封闭,同时敷设心墙下游的过滤层以防止心墙中被侵蚀的颗粒外逸。

(4)在土石坝心墙下游建造烟囱形竖井排水以减少饱和度。

(5)在坝肩与岸坡接触面处,扩展土石坝心墙的断面。

(6)调整心墙的位置,使土石坝体中的浸润线位置最低。

(7)加强水库周边土坡的稳定性,防止滑坡塌方。

(8)如果坝基中存在潜在滑动断层的危险,坝和地基接触面处应进行专门处理。

(9)建立高质量的排水通畅的堆石坝壳。

(10)设立比较富裕的坝顶超高,以适应坝体沉降、坍塌或断层滑动的需要。

(11)规划好坝与地基接触面的形状,避免断面突变、倒悬或较大的"台阶"。

(12)填筑土料充分压实,尽量减小超静孔隙水压力的发生。

(13)设置过滤层或采取其他有效措施,防止埋设于土坝中的管道或其他结构出口处发生水流侵蚀。

1.1.3　抗震分析方法

如果坝和地基不发生液化,在满足下列条件的情况下,微小变形是可能发生的,但不会引起坝的整体破坏。

(1)坝和地基土料为非液化土料,也不含松散土料和灵敏黏土。

(2)坝体良好施工,并压实到实验室最大干容重的 95% 以上,或相对密实度的 80% 以上。

（3）坝坡率 $H:V=3:1$ 或更缓，浸润线在下游坝坡线以内足够深度。

（4）土坝坝基水平峰值地震加速度不大于 $0.2g$。

（5）地震发生前在相关荷载和预期孔压作用下，所有可能的危险滑动面（坝坡表面浅层滑动面除外）的静力安全系数大于 1.5。

（6）地震时坝顶超高至少为坝高的 $3\%\sim5\%$，并且不小于 3 英尺（约 0.9m），地震引起的水库涌浪或地震引起的坝基或水库中的断层活动所要求的坝顶超高应另行考虑。

（7）坝内不存在重要的构造部件，在坝体的微小变形下容易受到损害或产生裂缝，引起内部侵蚀的潜在危险性。

如果这些条件无法满足，需要进行更详细的研究，包括评价液化的危险性、进行震后稳定和变形分析。如果不存在液化危险的土料，一般可采用简化的 Newmark 滑块法进行分析。在有可能产生超静孔隙水压力的情况下，则需要进行更严密的有限元或有限差分法分析。进行变形分析的目的在于确定可能发生的变形是否足够大到发生库水漫顶，或是在关键部位产生裂缝，使土坝由于内部侵蚀而发生破坏。根据分析结果，并参照土石坝在地震中表现的历史经验，设计者必须做出全面判断，坝和地基是否能安全承受这些荷载。

1.1.4　地震变形分析

如果预期失稳不会发生，液化也不可能，可应用下述两种方法之一，或两者并用来进行变形估计。

1. Newmark 滑动变形分析

Newmark 滑动变形分析[14]为最普通的求解土石坝动力表现的方法。该方法假定坝和地基土料的地震变形模态可看成刚性块的滑动。当坝基加速度超过屈服加速度后，变形开始发生。屈服加速度为按常规坝坡稳定分析得出的安全系数刚好等于 1.0 时所对应的水平地震加速度。在地震作用的整个过程中，随着安全系数上升至大于 1.0，滑动开始下降至低于 1.0 时，滑动停止[15]。

进行这类分析需要潜在滑动面上有代表性的地震动时程曲线，可由坝的动力响应分析得出。

Makdisi 和 Seed[16]应用 Newmark 方法对若干土坝进行了一些地震波作用的分析，在此基础上归纳成了简化方法结果所获得的诺莫图，通常称为 Makdisi-Seed 法。该方法可提供预测的净变形，表示为以下因素的函数：①潜在滑动体的水平向拟静力屈服系数；②滑动体的水平有效峰值加速度；③强震历时，可按震级大小进行经验估计。Makdisi 和 Seed 也提出了求解滑动体峰值加速度响应的简化分析方法，将土石坝化为弹性三角形棱柱体，则其振动响应可由 Bessel 级数近似。

基于 Newmark 概念发展了其他近似方法。最基本的是 Sarma 方法，将地震作用以水平加速度表示,计算了滑动体的水平位移。下一步的工作是根据危险滑动面的形状,计算坝顶的超高损失。更为严格的分析应包括地震作用过程中的水平和竖向加速度,以及孔隙水压力和抗剪强度的变化。详细实例可参见加利福尼亚州 Riverside 县 Eastside 水库工程的变形分析。另一研究则是根据一序列的 Newmark 分析,得出结论认为只要水平峰值加速度小于屈服加速度的 3 倍,土石坝的变形将很小(只要振动不引起超静孔隙水压力,同时适当地考虑了不排水剪强度),这和观测到的土石坝在地震中的表现相符。

一旦得出按 Newmark 方法(或其他方法)估计的地震变形,则土石坝在地震中的预期表现即可根据变形的严重程度(包括坝顶超高的损失以及可能产生的裂缝和裂缝对坝体或地基诱发内部侵蚀引起破坏的潜在危害性)加以判断。有些单位将临界滑动面的容许变形限定在 2 英尺(约 0.6m)以内作为是否安全的衡量标准。

2. 整体变形分析

地震作用除了对土石坝引起滑移变形,还可能由于土单元中增加的应力而产生沉降,这一广义沉降变形可根据土力学的固结理论、经验方法和(或)有限元分析加以估计。在土石坝和地基不发生液化的条件下,许多现有的经验关系式可用来估计土石坝的地震沉降。

1.1.5　拟静力分析

拟静力分析方法(有时称为地震系数法)只在不产生振动孔隙水压力的情况下,作为对结构地震抗力分析的一个指标。不可能根据拟静力分析结果来预测坝的破坏,一般还需要依靠其他方法提供更可靠的基础资料来了解坝在地震中的现场表现。然而,如果土石坝中不含振动引发超静孔隙水压力的土料,并且必要时考虑了土料的不排水抗剪强度,计算出的拟静力安全系数大于 1.0,便是十分有力的证明,表明坝在地震中将只有微小的震害或没有震害。

1.2　土石坝抗震性能评价

某些情况下,分析计算结果足以表明坝是安全的或不安全的,但通常对坝的安全的判断不仅要考虑分析的结果,还要考虑到所进行的分析和所采用的基本假定的可信度水平,以及在某种程度上对不确定性水平进行误判所带来的后果。

1.2.1　稳定分析

如果按震后预期强度分析的危险破坏面震后的抗滑移稳定安全系数大于 1.0(如 1.25 或更大),过去震害经验表明,坝的变形将很小,并且坝会有良好的表现。对于可液化土,如果抗液化安全系数等于或小于 1.0,并且按震后残余抗剪强度计算的震后抗滑安全系数小于或接近 1.0,坝安全的可信度降低。许多分析表明,当一楔形体或圆弧滑动面的震后抗滑安全系数较低时,沿滑动面的变形将十分大;如果这一滑动面对坝的整体性起关键作用,变形可以引起坝顶溢流或内部侵蚀,造成坝的破坏。

1.2.2 变形分析

不管是按 Newmark 法分析,还是按有限元或有限差分分析预测的坝的变形都不应大于坝所能安全承受的限度,不应造成水库灾难性的下泄,进行评价时需要考虑的重要因素说明如下。变形分析可以针对以下三种情况进行:①液化不会发生;②液化可能发生,但不影响稳定;③液化可能发生,并导致稳定丧失。对于前两种情况,需要做出的判断是预测的临界滑动面的变形是否足够小,不会在坝体和坝基中发生可引起坝管涌破坏的裂缝;还需要判断震后的抗滑安全系数和现有坝顶超高是否足够,不会发生坝顶溢流并能安全支承水库。注意到预测的变形对分析中采用的震后强度值十分敏感,重要的问题是液化常容易被激发,以及如果发生液化,在分析中应当选取何种适当的残余抗压强度。对评价变形分析结果需要考虑的重要因素是分析中采用的抗剪强度的可信度,这代表预测变形的可信度。当预测的变形很大或震后抗滑安全系数较低时,通常要考虑的问题是降低水库水位能否安全保护水库,而不会发生水库破坏的危险。

1.3 土石坝抗震安全评价的发展现状

1.3.1 土石坝震害

大坝的地震观测受到世界各国的普遍重视。到目前为止,所取得的强震作用下土石坝的实际观测资料仍十分缺乏,且不够完整。汶川大地震中紫坪铺面板堆石坝的表现为我们对强地震时土石坝抗震性能的认识提供了一定的技术依据。按照现代方法设计建造的土石坝强震时的震害,一般不会出现危及大坝安全的震害。

根据文献报导,有以下一些不完整的资料[17]。

1. 紫坪铺混凝土面板堆石坝主要震害

坝高 156m,汶川大地震时距震中 17km,至主断裂的最近距离为 7~8km。原设计地震加速度为 0.260g,实测坝顶水平向加速度达到 1.6g 左右,估计坝基加速度超过 0.5g。大坝按烈度 8 度进行设计,但经受了 9 度以上地震的考验,而没有出现对大坝安全发生重要威胁的震害。大坝震害已有众多文献介绍,主要值得指出的有以下几种。

(1)坝体震害。大坝出现明显震陷,最大沉降量为 744.3mm,最大永久水平位移在河流方向达到 270.8mm,坝轴线方向达到 226.1mm(图 1.1 和图 1.2)。坝体内部水管式沉降仪观测到的震陷量随坝高而增大,2008 年 5 月 17 日测得 850.00m 高程坝体中部最大沉降量为 810.3mm,余震影响略有波动,6 月 22 日为 812.5mm,后趋于稳定。由于中坝段坝顶与路面存在 150～200mm 脱空现象,按对应部位推算堆石填筑体顶部最大沉降量可达 900mm。图 1.3 为坝 0+251.0 断面地震后坝体内部沉降量沿高程分布。

图 1.1　大坝坝顶中部震后变形

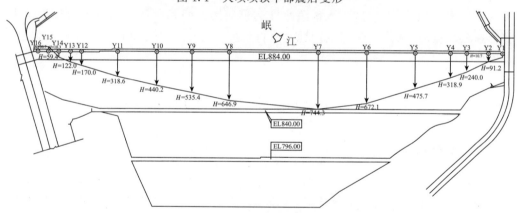

图 1.2　大坝坝顶震陷分布

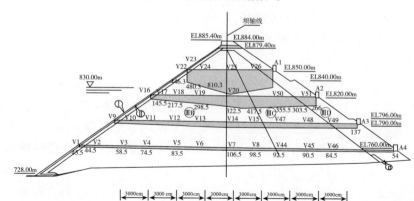

(a)大坝地震沉降沿高程的分布

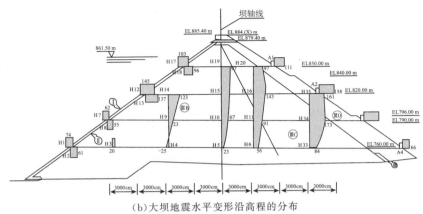

（b）大坝地震水平变形沿高程的分布

图 1.3　紫坪铺大坝地震变形

（2）面板的挤压破坏和错台与脱空。面板间的垂直缝发生挤压破坏。其中，23# 和 24# 面板之间的垂直缝两侧混凝土挤碎，5# 和 6# 面板间接缝也有挤碎。具体表现为：坝中部的 23# 和 24# 面板间结构面挤压破坏，自坝顶延伸至 791.0m 高程，低于死水位 26.0m；位于左坝端的 5#、6# 面板挤压隆起破坏较为严重，板间最大错位为 350mm；23# 面板横向挤压破坏范围为 0.5～1.7m，取芯检查 843.0m 高程混凝土破坏影响深度达 320mm，破裂面架空约 50mm。板间保角钢筋网与混凝土保护层分离，板中部受力筋折曲变形，比常规挤压破坏严重。图 1.4 为 23# 和 24# 面板之间挤压破坏现象。

图 1.4　23# 和 24# 面板之间挤压破坏

845m 高程二、三期混凝土面板施工缝错开，最大错台达 17cm。图 1.5 为 845m 高程二、三期混凝土面板施工缝错开现象。部分混凝土面板与垫层间有脱空现象，最大脱空为 23cm。具体为：二、三期混凝土面板间施工缝发生明显错台，5# 和 12# 面板施工缝错台差为 150～170mm，14#～23# 面板为 120～150mm，30#～42# 面板为

$20\sim90$mm；总长度为340m。凿除受损坏混凝土后发现：8$^{\#}$面板错台导致板中部受力筋呈S形拉伸折曲，三期面板受力筋以下混凝土拉裂脱落，接触面混凝土破碎；10$^{\#}$面板水平错台230mm，导致板间缝止水铜片剪断，缝面钢筋外露。

图1.5　二、三期面板施工缝错开

据脱空计观测资料和补打75个坝面取芯孔成果，大坝左岸845m高程以上三期面板与垫层料发生较大范围脱空，但870.0m高程仅有一个检测孔约20mm脱空；右岸三期面板880.0m高程以上也全部脱空，检测最大值达230mm；大坝左坝肩附近843.00m高程二期面板顶部局部脱空，法向检测最大值为70mm。三期面板脱空约占其总面积的55%。

（3）坝坡震害。强震下坝坡整体是稳定的。靠近坝顶附近的下游坡面砌石松动、翻起，并伴有向下的滑移，仅个别滚落；靠近坝顶浆砌石护坡相对完好。图1.6为下游坡面砌石松动和翻起现象。

图1.6　下游坡面砌石松动和翻起

2. 碧口心墙堆石坝主要震害[18]

根据目前资料，主要震害有：坝体地震残余变形，以沉降为主，并有水平残余变形;有非连续纵向裂缝和两坝肩局部张裂缝。地震后渗流量变化很小,总体上其震害远比紫坪铺大坝轻,大坝整体结构是安全的。

(1)大坝残余变形。坝体地震残余变形以沉降为主,并有水平残余变形。其中坝顶最大震陷为24cm,上下游的水平地震残余位移为10~15cm。

大坝的表部变形以沉降为主,且坝顶部位沉降差大于其他部位,下游坝坡自上而下各测点沉降逐渐减小,为24.2~4.58cm,最大沉降发生在河床左侧坝顶处,为24.2cm,坝轴线方向河床中部沉降大于两岸;防渗心墙沉降变化比大坝表部小,最大沉降为16.4cm,发生在心墙顶部偏河床左岸,与坝顶最大沉降部位相对应。坝顶水平位移方向总体向上游,最大位移发生在河床坝顶偏左岸,最大位移量为15.4cm;下游坝坡各测点位移方向均向下游,最大变形发生在1/2坝高处,其中,691m高程(2/3坝高处)最大位移量为4.9cm,670m高程(1/2坝高处)最大位移量为7.1cm,650m高程(1/3坝高处)最大位移量为4.2cm。

(2)坝顶震损现象。坝顶混凝土路面比较平整,防浪墙混凝土未见异常变形,防浪墙横缝有挤压和沥青外流现象,张开和错动现象不明显,上游表部防水完好,表面砂浆抹面局部脱落,防浪墙混凝土整体完好;坝顶下游砖砌挡墙大部分坍塌,倒向坝顶公路,如图1.7所示。

图1.7 震后坝顶防浪墙下游砖砌挡墙大部分坍塌

(3)下游坝坡。震后沿防浪墙底边缘与下游混凝土板之间出现张开裂缝,最大宽度为5cm左右,如图1.8所示,坝轴线中部裂缝宽度大于两侧,裂缝主要以水平张开为主,同时伴有沉降变形;下游坝坡的混凝土格删护坡整体基本完好,局部有断裂变形,坡面无拱起和塌陷现象,坝坡坡脚处格框局部拱起,坡脚处的排水沟变形明显,排水沟上游侧混凝土被挤压变形。"Z"字形上坝公路未出现明显变形,路面未发现明显裂缝。

图 1.8　防浪墙与下游混凝土护板间的裂缝

（4）上游坝坡。水面以上坡面无滑动、凹陷变形，防浪墙底边缘与混凝土板连接之间出现裂缝，裂缝基本贯穿左右岸，宽度为 1～2cm，如图 1.9 所示；漂浮物清理道路顶部的混凝土板出现两条不规则裂缝，防浪门上游护坡出现一条不规则裂缝，长度约 25m，裂缝宽度为 1cm 左右。

图 1.9　防浪墙与上游坝坡间的裂缝

3. 日本典型的土石坝地震观测成果

1984 年长野县西部地震（震级 $M = 6.8$），距震中约 5km 的牧尾堆石坝（高105m）遭受了强震作用，在坝顶心墙部位产生了深约 1.5m 的裂缝。坝上地震计震坏，没有获得加速度记录。同年 10 月 3 日在坝近旁岩基上设置的地震计记录的地震加速度达到 719Gal（$1Gal = 1cm/s^2$），依此推测，强震时的加速度可达 500～1000Gal。

1995 年阪神地震（$M = 7.3$），距震源断层约 700m 的兵库县常盘心墙土坝（高33.5m）坝顶出现了裂缝。

4. 墨西哥典型的土石坝地震观测成果

1985 年墨西哥发生 $M=8.1$ 的强震，邻近震中的 La Villita 心墙堆石坝（高 59.7m）和 El Infiernillo 心墙堆石坝（高 148）遭受了持续 60s 的强震作用。大震后两日，9 月 21 日又发生了 $M=7.5$ 的强余震。

La Villila 坝建在约 70m 的沙砾覆盖层上，地震时记录的最大水平加速度在右岸岩基上为 NS 向 125Gal，EW 向 122Gal，竖向 58Gal，坝顶 450Gal。地震引起坝顶产生长约 350m 的不连续纵向裂缝，最大宽度约 10cm，深约 50cm。坝顶心墙的沉降约 11cm。

El Infiernillo 坝建在岩基上。距主震震中约 75km，右岸地下强震仪记录的最大加速度在主震和强余震时分别达到 0.13g 和 0.06g，下游马道（在坝基以上 100m）中部记录的最大加速度为 0.38g，据此推断坝顶中部的振动加速度可达 0.50g。地震造成坝顶两侧宽 0.2～15cm 断续绵延坝全长 335m 的两条纵向裂缝，深达不透水心墙顶部。此外，还有长约 9m、宽约 3.6cm 的较细纵向裂缝，出现在右坝肩 2 条、左坝肩 1 条。观测到的坝顶沉降约 9cm。

La Villita 和 El Infiernillo 两坝都经历过 1975～1981 年的多次地震，记录到的基岩最大加速度分别达到 85Gal 和 105Gal。

5. 美国典型的土石坝地震观测成果

Austrian 土坝（高 61m）（图 1.10）遭受了 1989 年 10 月 17 日发生的 Loma Prieta 地震（$M=7.1$）的强烈作用。坝距震中 11.5km，与 San Fernando 大断裂相距 600m，与该大断裂相关的 Sargent 活动断裂相距 210m 左右，振动持续了 10s。邻近的 Lexington 土坝（高 62m）相距震中 21km，左坝肩记录的地震加速度超过了 0.40g，估计 Austrian 坝的地震加速度可达 0.60g，使坝遭受了比较严重的震害。上、下游坝坡上部 1/4 坝高度范围内均出现了最大深度达 4.27m 的纵向裂缝，下游坝面还出现了许多浅裂缝。两坝肩出现了横向裂缝，左坝肩建在风化碎裂岩石上，裂缝深达 9.14m，右坝肩与溢洪道相连的界面开裂深度为 7m。两坝肩地表裂缝相对较浅，右坝肩可能较深。坝区出现了滑坡，坝的最大沉降为 85.34cm；最大变形发生在右坝部分，向下游的最大变形（33.53cm）发生在右坝肩靠近溢洪道部位，向上游的最大变形则发生在左坝 4 分点处。

Long Valley 土坝（高 55.2m）（图 1.11），相距 Long Valley 死火山口 4.8km，相距 Sierra Nevada 断裂也为 4.8km。该坝经历了 1978～1986 年的序列地震作用，发生了 26 次高于 5 级和高于 6 级的地震，记录到的加速度在左坝趾为 0.04～0.24g，坝顶为 0.06～0.52g，左坝肩高于坝顶的山脊处为 0.08～0.99g。发现的震害仅为靠近坝肩的横向微裂缝，裂缝深度不超过 20cm。

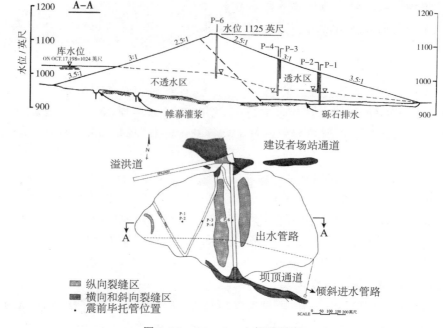

图 1.10　Austrian 土坝及震害

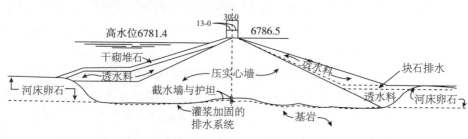

图 1.11　Long Valley 土坝

1.3.2　土石坝抗震安全评价标准

各国目前还没有统一的做法,但普遍采用两级地震设防水准。以下介绍若干国家的一些做法。但各国经验主要都是针对高度在百米左右或百米以下的坝。对高坝的经验比较缺乏。

1. 瑞士[19]

2004 年 1 月起强制执行国家规定的抗震安全评价标准。采用两级地震设计水准[5],其安全检验地震水平,对于 1 级坝,为 100 年超越概率为 1‰的地震;对于 2 级坝,为 100 年超越概率为 2‰的地震;对于 3 级坝,为 100 年超越概率为 10‰的地震。对于 1 级土石坝,要求进行二维静力和动力有限元分析。对于新建坝,材料的静、动力参数要通过试验得出,在进行坝坡稳定分析时,需考虑水平与竖向地震的共同作用,同时进行坝的滑移变形分析。对于较次要的 3 级坝,当发生浅层滑动(滑移深度

d 与坝高 h 之比小于 20%）时，容许变形为 20cm；当发生深层滑动（大于 20%）时，容许变形为 50cm。对重要坝的滑移标准需进行专门研究。

2. 日本

大坝技术委员会大坝抗震安全分委员会于 2001 年提出土石坝按两级水准地震进行设防的草案。其中 II 级水准地震为安全检验地震，相当于坝址现在和将来可能发生的最高级别地震，但不低于 6.5 级的地震作用。这时大坝应保持蓄水功能，要求：①在防渗体中不发生贯穿性裂缝；②不发生库水漫顶；③坝和地基中的震害不引起坝体破坏。采用的土石坝的动力分析方法应能较准确地反映材料塑性变形和残留变形的影响。

3. 若干典型大坝的抗震设防标准[20−22]

不少大坝都进行了抗震安全性检验，现列举一些实例供参考。

（1）瑞士 Mattmark 斜心墙土石坝，高 117m，位于 88m 深厚覆盖层上，最大设计地震：水平向 $0.42g$，竖向 $0.28g$。

（2）希腊 Western Macedonia 心墙堆石坝，高 130m，安全检验地震 $0.37g$。

（3）伊朗 Masjed-Soleiman 心墙堆石坝，高 177m，距发震断裂 2.5km，设计基准地震：水平向 $0.26g$，竖向 $0.19g$；安全检验地震：水平向 $0.45g$，竖向 $0.36g$。

1.3.3　土石坝抗震工程措施

文献中对这方面有所讨论，根据过去震害经验总结，主要包括以下几个方面：①加强坝基，对坝基中的软弱土层，特别是可液化土层进行振动加密或采用土钉、堆石柱体等进行加强；②加大垫层区、过渡区宽度，增强反滤排水措施，减小地震时可能产生的超静孔隙压力，提高坝材料的抗力；③加强坝顶部位，如放缓坝坡、采用块石护坡、用铁丝笼加固以增强其整体性、加设马道、铺设土工格栅等；④防渗体在最高水位以上的超高以及坝顶超高等适当留有余地。但各种加强和加固措施还没有经受过强震检验。

前苏联 300m 的努列克土石坝，位于 8～9 度高地震烈度区，按 $0.4g$ 进行设计。现场在瓦赫什河支流上做了一个 1：50 的模型坝，模拟 10 度地震作用。试验后发现坝顶产生深达 3mm 的裂缝，并伴随上下游坝坡局部塌滑。据此，认为强震时大坝坝顶可能产生深达数米的裂缝，坝体可能滑坡。采取的主要工程措施为在坝的上、下游面采用大块石滑坡作压重，上游压重层厚 22～42m，下游压重层厚 5～10m，堆石内摩擦角 $\varphi = 43°$（原坝坡砾石层 $\varphi = 39°$），共堆块石 1100 万 m³；另一措施为在 912m、894m、876m、855m 高程（坝顶 920m）设置四道水平抗震加固梁，其中第 1 层穿过心墙。

综上所述，由于土石料的强非线性性质以及材料动力性质的复杂性，目前的技术水平还难以对土石坝进行静力仿真以及地震作用的全过程分析，而土石坝的地震响应特性又和其静力作用的应力状态密切相关。为此,目前坝的静力分析、地震响应分析与地震永久变形分析只能采用不同的模型分别独立进行计算,而忽视其相关联的影响。其中静力分析通常采用 Duncan-Chang 的非线性弹性 E-B 模型、沈珠江的弹塑性南水模型和清华大学高莲士的非线性弹性 K-G 模型等,根据 Ducan 的分析,土石坝的静力分析具有 30 年左右的经验,静力变形的计算精度一般可以满足工程设计的需要。地震响应分析普遍采用 Seed 提出的等价线性化方法,假设各单元的弹性模量在地震过程中保持不变,令其等于该单元地震过程中最大剪应变的 65% 所对应的模量,进行黏弹性分析。计算所采用的剪切弹性模量与剪应变幅度的关系、阻尼与剪应变幅度的关系通过试验和参考已有工程得出,因此计算结果含有较大的不确定性。一般认为计算的地震加速度沿坝高分布大体上接近实际。地震永久变形的计算方法已如上述,其成果对于中小型的土石坝,在地震强度不高时具有某种可信程度,高土石坝的地震变形计算方法仍有待研究。所以对于高土石坝的抗震安全评价,在很大程度还需要依靠决策者的分析和判断。根据我国的能源发展规划,近期在强地震活动区将建设一批高土石坝,因此深入研究土石坝的材料动力特性及本构关系、强震时土石坝坝体和坝基地震加速度的分布规律以及地震永久变形的计算方法,改进地震区高土石坝的抗震安全评价准则将是我们所面临的主要挑战。

参 考 文 献

[1] Finn W D. State-of-the-art of geotechnical earthquake engineering practice. Soil Dynamics and Earthquake Engineering,2000,20(4): 1-16.

[2] 日本大坝会议 地震时的大坝安全分委员会. 既設ダムの耐震性能評価法の現状と課題. 大ダム,2002.

[3] 田村重四郎. メキシユ地震被害調査報告. 大ダム,1986.

[4] 汝乃华,牛运光. 大坝事故与安全. 北京:中国水利水电出版社,2001.

[5] 赵剑明,常亚屏,陈宁. 加强高土石坝抗震研究的现实意义及工作展望. 世界地震工程,2004,20(1):95-99.

[6] 周建平,杨泽艳,陈观福. 我国高坝建设的现状和面临的挑战. 水利学报,2006,37(12):1433-1438.

[7] Seed H B. Consideration in the earthquake-resistant design of earth and rockfill dams. Geotechnique,1979,29(3):215-263.

[8] Gazatas G. Seismic response of earth dams:some recent developments. Soil Dynamics and Earthquake Engineering,1987,6(1):1-47.

[9] 沈珠江,徐刚. 堆石料的动力变形特性. 水利水运科学研究,1996,(2):143-150.

[10] Engineering and Research Center. Design Standards No. 13—Embankment Dams(Draft), Chap. 13—Seismic Design and Analysis. Bureau of Reclamation,USA,1984.

[11] 顾淦臣. 土石坝地震工程. 南京：河海大学出版社，1989.

[12] Matsumoto N，Yasuda N，Ohkubo M. Dynamic shear modulus，damping ratio and poisson's ratio of coarse-grained granular materials. Civil Engineering Journal，1986，28(7)：44-49.

[13] 韩国城，孔宪京. 粗粒料动应力-应变关系试验研究. 国家"八五"科技攻关总结报告，大连，1995.

[14] Newmark N M. Effects of earthquakes on dams and embankments. Geotechnique，1965，15(2)：139-160.

[15] Sarma S K，Kourkoulis R. Investigation into the prediction on sliding block displacements in seismic analysis of earth dams. Proceeding of 13th World Conference on Earthquake Engineering，Canada，2004.

[16] Serff N，Seed H B，Markdisi F I，et al. Earthquake induced deformation of earth dams. University of California，Berkeley，1976.

[17] 水利部紫坪铺大坝现场专家组."5.12"地震后紫坪铺混凝土面板堆石坝安全监测与现场检查资料分析报告. 成都，2008.

[18] 水利部建管司."5.12"汶川特大地震震损水库险情分析与应急处置. 2008.

[19] Darbre G R. Swiss guidelines for the earthquake safety of dams. Proceeding of 13th World Conference on Earthquake Engineering，Canada，2004.

[20] Wieland M，Malla S. Seismic safety evaluation of a 117m high embankment dam resting on a thick soil layer. Proceeding of 12th European Conference on Earthquake Engineering，London，2000.

[21] Auastasiadis A，Klimis N，Makra K，et al. On seismic behaviour of a130m high rockfill dam：an integrated approach. Proceeding of 13th World Conference on Earthquake Engineering，Canada，2004.

[22] Jafari M K，Davoodi M. Dynamic characteristics evaluation of masjed-soleiman embankment dam using forced vibration test. Proceeding of 13th World Conference on Earthquake Engineering，Canada，2004.

第2章　高土石坝动力响应分析理论研究

目前,我国西部的 200m 级高土石坝越建越多,由于西部地质条件复杂、地震频繁且强度较大,高土石坝抗震问题研究的重要性和迫切性越发突出[1,2]。目前,大多数工程通过振动台模型试验或动力响应数值分析获得坝体在设计地震动下的作用形态和抗震性能。动力响应数值分析方法因所采用的本构模型不同分为基于弹塑性模型的动力迭代分析法和基于等效黏弹性模型的等效线性分析法,其中弹塑性模型的建立和参数确定等方面尚不成熟,还不能完全应用于大型实际工程的地震响应分析;而非线性等效黏弹性模型不仅模型简单,且在参数的确定和应用等方面积累了大量丰富的试验资料和工程经验,计算结果与振动台试验的观测结果较为一致。因此,目前我国大多数实际工程的地震响应分析和抗震安全评价仍以等效线性动力分析法为主。该法基于土工动态试验获得动力特性参数与剪应变幅的非线性变化规律,通过多次线性迭代分析,使采用的动剪切模量和阻尼比等动力特性参数与特征剪应变相协调,从而近似地反映土料的非线性动力特性。其中,通过各种室内实验或现场试验得到的动剪切模量和等效阻尼比与动剪应变的关系是该法的关键。

2.1　动力分析本构模型

土工建筑物动力反应分析主要有三类方法:一是基于等价线性黏弹性模型的等效线性分析方法;二是计算的应力-应变关系绕滞回圈转动的真非线性分析方法;三是基于动力弹塑性模型的动力弹塑性分析方法。

等价线性分析方法具有概念清晰明确、应用简单方便等优点,因而在土工建筑物动力反应分析中得到了广泛应用,其试验参数的确定也积累了丰富的工程经验,但作为近似方法,不可避免地存在缺陷,如不能直接计算土体的残余变形等。当动应变较大时,采用等价线性黏弹性割线模量与实际的应力-应变关系相差较大。因此,需要采用更加全面描述筑坝土石料动应力-应变关系的模型,来研究高土石坝地震动力反应。

大连理工大学迟世春等[3]研究了量化记忆模型建立方法、量化记忆模型与其他模型的关系、模型参数的确定以及多维量化记忆模型及其算法实现等,并采用数值方法模拟了不同动应力条件下动三轴试验的滞回圈。量化记忆(SM)模型尝试着把各种经验模型、弹塑性模型及试验中土的实际特性联系起来,并使其在理论的表述和应用上较为简明。它以 Masing 相似准则为依据,并以传统的塑性增量理论为基础,能够较为容易地应用于各向异性材料和不规则的动应力-应变反应。SM 概念为应力-应变反应提供了一种几何上的表示，它把单调加载情况下剪切模量的非线性变化量化成一种分段式的线性分布，通过对这种分布进行改变，可以很容易地描述循环加载情况下滞回材料的行为。

赵剑明等[4]建立了基于非线性黏弹塑性模型的真非线性动力反应分析模型。该模型将土视为黏弹塑性变形材料，模型由初始加荷曲线、移动的骨干曲线和开放的滞回圈组成。这种非线性模型的特点如下。

(1) 与等效非线性黏弹性模型相比，能够较好地模拟残余应变，用于动力分析可以直接计算残余变形；在动力分析中可以随时计算切线模量并进行非线性计算，这样得到的动力响应过程能够更好地接近实际情况。

(2) 与基于 Masing 准则的非线性模型相比，增加了初始加荷曲线，对剪应力比超过屈服剪应力比时的剪应力-应变关系的描述较为合理；滞回圈是开放的，能够计算残余剪应变；考虑了振动次数和初始剪应力比等对变形规律的影响。

2.1.1　等价线性动力分析模型

1. 基本原理

在地震工程中，要分析土体的地震应力及运动，必须建立土的动力计算模型及确定出其相应的试验参数。考虑到土体的非线性特性，不能用线性黏弹性模型；遵循简单实用的原则，也不宜用弹塑性模型。而等效线性黏弹性模型以线性黏弹性理论为基础，同时考虑了土体的非线性性质，因此在地震工程中得到普遍应用。

等效线性黏弹性模型由弹性元件——弹簧和黏性元件——阻尼器并联而成，如图 2.1 所示，表示土在动力作用下的应力是由弹性恢复力和黏性阻尼力共同承受的，但是土的刚度和阻尼不是常数，而是与土的动应变幅有关。土的动应力-应变关系的滞回曲线形状比较复杂，滞回曲线所围的面积随剪应变幅值的增大而增大，滞回曲线的斜度随剪应变幅值的增大而变缓，如图 2.2 所示。

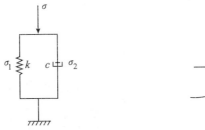

图 2.1　黏弹性模型　　　　　图 2.2　土的动应力-应变关系

等效线性黏弹性模型不对滞回曲线形状做严格要求，只是保持滞回曲线所围的面积与实际土体大体相等和滞回曲线的斜度随剪应变幅的变化与土实际的相似性，不管土的能量耗损的复杂本质,认为完全是黏性的,用等效阻尼比 λ_{eq} 作为相应的动阻尼比 λ,用剪应力幅值与剪应变幅值之比 G_{eq} 定义相应的动剪切模量 G,其本质如图 2.3 所示。

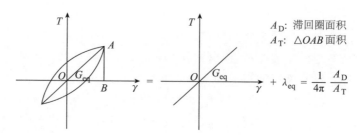

图 2.3　等效线性黏弹性模型

2. 模型的建立

1)动剪切模量 G

试验中将各滞回圈的顶点相连,得到土的骨架曲线。结果发现动剪应力幅值 τ 和动剪应变幅值 γ 之间的关系可以用双曲线来近似表示,如图 2.4 所示,即

$$\tau = \frac{\gamma}{a + b \cdot \gamma} \tag{2.1}$$

式中,a、b 两个参数由试验确定。

定义动剪切模量为

$$G = \frac{\tau}{\gamma} \tag{2.2}$$

将式(2.1)代入式(2.2),得到

$$1/G = a + b \cdot \gamma \tag{2.3}$$

绘制 $1/G$-γ 关系曲线,如图 2.5 所示,可求得系数 a、b,见式(2.4)。

$$\begin{cases} a = 1/G_{max} \\ b = 1/\tau_{ult} \end{cases} \tag{2.4}$$

式中,G_{max} 为最大动剪切模量;τ_{ult} 为最终应力幅值,相当于 $\gamma \to \infty$ 时的 τ 值。

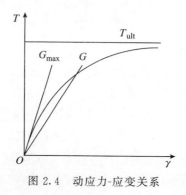

图 2.4　动应力-应变关系

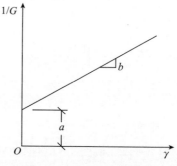

图 2.5　$1/G$-γ 关系曲线

将式(2.4)代入式(2.3)得到

$$G = \frac{G_{\max}}{1 + \gamma/\gamma_r} \tag{2.5}$$

式中,$\gamma_r = \dfrac{\tau_{ult}}{G_{\max}}$,为参考剪应变。

这样式(2.5)最终由两个参数 $G_{\max}$ 和 γ_r 确定,这两个参数与土体所受的初始平均静应力 σ_0 有关,表示为

$$G_{\max} = k_1 \cdot P_a \cdot \left(\frac{\sigma_0}{P_a}\right)^{n_1} \tag{2.6}$$

$$\gamma_r = k_2 \cdot P_a \cdot \left(\frac{\sigma_0}{P_a}\right)^{n_2} \tag{2.7}$$

式中,k_1、k_2、n_1、n_2 由试验参数确定;P_a 表示 1 个大气压,为 100kPa。

2)动阻尼比 λ

图 2.6 给出了一条滞回曲线,阴影部分的面积为滞回曲线面积的一半。为了估算出滞回曲线的面积,做如下假定:①由 a 引卸载曲线 ac 的切线,切线的斜率等于最大模量 $G_{\max}$,与滞回曲线的应变幅值无关;②三角形 abc 的 ab 边斜率等于 $G_{\max}$,ac 边斜率等于 G,bc 边为水平的,令阴影部分的面积为三角形 abc 面积的一个百分比 k_1。如果以 A_l 代表滞回曲线的面积,以 A_{abc} 代表三角形 abc 的面积,则 $A_l = 2k_1 \cdot A_{abc}$。

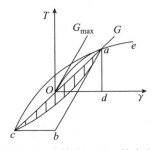

图 2.6 动等价阻尼比的定义

能量损耗系数定义为 $\eta = \Delta w / (2\pi w)$,$\Delta w$ 为应力-应变一周内所损耗的能量,即滞回圈的面积,w 为应力-应变一周内物体内部积累的最大弹性变形能,即三角形 adc 的面积。根据结构动力学知识 $\eta = 2\lambda$,加上图示的几何关系和有关假定,得到动阻尼比 λ 为

$$\lambda = \frac{2k_1}{\pi}\left(1 - \frac{G}{G_{\max}}\right) \tag{2.8}$$

当 $G = 0$ 时,λ 为最大,$\lambda_{\max} = 2k_1/\pi$,由试验确定。

2.1.2 动力方程的建立

根据动力荷载的性质,土动力学问题大致可分为两类:一是动力荷载作用于局部土面,地基的边界无界,即近域的表面荷载 $\{R\}$ 已知,动力反应 $\{u\}$ 向远域逐步衰减;二是远域传来的边界位移 $\{u_0\}$ 或边界加速度 $\{\ddot{u}_0\}$ 已知,而近域的表面无荷载,地震荷载属于这种情况。根据结构动力学的知识,建立如下运动方程:

$$[M]\{\ddot{u}\}_t + [C]\{\dot{u}\}_t + [K]\{u\}_t = -[M]\{\ddot{u}_g\}_t \tag{2.9}$$

式中,$\{\ddot{u}\}_t$、$\{\dot{u}\}_t$、$\{u\}_t$ 分别为各节点 t 时刻的相对加速度、速度、位移;$[M]$、$[C]$、

$[K]$分别为结构整体质量矩阵、阻尼矩阵、刚度矩阵;$\{\ddot{u}_g\}_t$为t时刻基底输入加速度。

1. 动力方程的解法

设Δt为时间间隔(积分步长),$\{u\}_n$、$\{\dot{u}\}_n$、$\{\ddot{u}\}_n$和$\{u\}_{n+1}$、$\{\dot{u}\}_{n+1}$、$\{\ddot{u}\}_{n+1}$分别为时段开始和结束时的位移、速度、加速度向量,则有

$$\begin{cases} \{\dot{u}\}_{n+1} = \{\dot{u}\}_n + \int_0^{\Delta t}\{\ddot{u}\}\mathrm{d}t \\ \{u\}_{n+1} = \{u\}_n + \int_0^{\Delta t}\{\dot{u}\}\mathrm{d}t \end{cases} \tag{2.10}$$

1)Gauss 法

Gauss 法假定$\{\ddot{u}\} = \dfrac{1}{2}(\{\ddot{u}\}_n + \{\ddot{u}\}_{n+1})$,代入式(2.10)可得

$$\begin{cases} \{\dot{u}\}_{n+1} = \{\dot{u}\}_n + \dfrac{1}{2}\Delta t(\{\ddot{u}\}_n + \{\ddot{u}\}_{n+1}) \\ \{u\}_{n+1} = \{u\}_n + \Delta t\{\dot{u}\}_n + \dfrac{1}{4}\Delta t^2(\{\ddot{u}\}_n + \{\ddot{u}\}_{n+1}) \end{cases} \tag{2.11}$$

由此可解出

$$\begin{cases} \{\ddot{u}\}_{n+1} = \dfrac{4}{\Delta t^2}(\{u\}_{n+1} - \{u\}_n) - \dfrac{4}{\Delta t}\{\dot{u}\}_n - \{\ddot{u}\}_n \\ \{\dot{u}\}_{n+1} = \dfrac{2}{\Delta t}(\{u\}_{n+1} - \{u\}_n) - \{\dot{u}\}_n \end{cases} \tag{2.12}$$

2)Newmark 法

Newmark 用α和β代替式(2.11)中的$\dfrac{1}{2}$和$\dfrac{1}{4}$,则式(2.11)改写为

$$\begin{cases} \{\dot{u}\}_{n+1} = \{\dot{u}\}_n + (1-\alpha)\Delta t\{\ddot{u}\}_n + \alpha\Delta t\{\ddot{u}\}_{n+1} \\ \{u\}_{n+1} = \{u\}_n + \Delta t\{\dot{u}\}_n + \left(\dfrac{1}{2}-\beta\right)\Delta t^2\{\ddot{u}\}_n + \beta\Delta t^2\{\ddot{u}\}_{n+1} \end{cases} \tag{2.13}$$

当$\alpha = \dfrac{1}{2}$,$\beta = \dfrac{1}{6}$时,式(2.10)中的$\{\ddot{u}\}$在Δt时段内为线性变化。因此式(2.13)可变为

$$\begin{cases} \{\dot{u}\}_{n+1} = \{\dot{u}\}_n + \dfrac{1}{2}\Delta t\{\ddot{u}\}_n + \dfrac{1}{2}\Delta t\{\ddot{u}\}_{n+1} \\ \{u\}_{n+1} = \{u\}_n + \Delta t\{\dot{u}\}_n + \dfrac{1}{3}\Delta t^2\{\ddot{u}\}_n + \dfrac{1}{6}\Delta t^2\{\ddot{u}\}_{n+1} \end{cases} \tag{2.14}$$

由此可解出

$$\begin{cases} \{\ddot{u}\}_{n+1} = \dfrac{6}{\Delta t^2}\{u\}_{n+1} - \{A\}_n \\ \{\dot{u}\}_{n+1} = \dfrac{3}{\Delta t}\{u\}_{n+1} - \{B\}_n \end{cases} \tag{2.15}$$

式中, $\{A\}_n$、$\{B\}_n$ 分别表示为

$$\begin{cases} \{A\}_n = \dfrac{6}{\Delta t^2}\{u\}_n + \dfrac{6}{\Delta t}\{\dot{u}\}_n + 2\{\ddot{u}\}_n \\ \{B\}_n = \dfrac{3}{\Delta t}\{u\}_n + 2\{\dot{u}\}_n + \dfrac{1}{2}\Delta t\{\ddot{u}\}_n \end{cases} \tag{2.16}$$

把式(2.15)代入式(2.9)可得

$$[\bar{K}]\{u\}_{n+1} = \{\bar{R}\} \tag{2.17}$$

式中

$$\begin{cases} [\bar{K}] = [K] + \dfrac{3}{\Delta t}[C] + \dfrac{6}{\Delta t^2}[M] \\ \{\bar{R}\} = \{R\} + [M]\{A\}_n + [C]\{B\}_n \end{cases} \tag{2.18}$$

3)Wilson-θ 法

Newmark 法中取 $\beta = \dfrac{1}{4}$ 即为 Gauss 法,这种积分格式是无条件稳定的,但当 $\beta = \dfrac{1}{6}$ 时就变成有条件稳定了。为了达到无条件稳定,Wilson 建议用放大的时间间隔 $h = \theta \cdot \Delta t$ 代替实际时间间隔 Δt 进行计算。算出的结果为 $\{u\}_h$、$\{\dot{u}\}_h$ 和 $\{\ddot{u}\}_h$,然后从 $\{\ddot{u}\}_h$ 和 $\{\ddot{u}\}_n$ 内插得到 $\{\ddot{u}\}_{n+1}$,即

$$\{\ddot{u}\}_{n+1} = \{\ddot{u}\}_n + \dfrac{1}{\theta}(\{\ddot{u}\}_h - \{\ddot{u}\}_n) \tag{2.19}$$

把式(2.19)代入式(2.14)可得出 $\{\dot{u}\}_{n+1}$ 和 $\{u\}_{n+1}$。当 $\theta > 1.37$ 时,式(2.19)积分格式是无条件稳定的。本次计算中采用 Wilson-θ 法,其中 θ 取 1.4。

2. 主要计算步骤

(1)先根据静力有限元方法计算出土体中各单元的震前平均有效应力 σ_0。

(2)由式(2.6)求出土体单元的初始动剪切模量 $G_{\max}$,土体单元的初始阻尼比按经验取为 5%。

(3)将整个地震历程划分为若干个时段。

(4)对每个时段的动剪切模量进行迭代求解。

(5)用 Wilson-θ 法建议的用放大的时间间隔 $h = \theta \cdot \Delta t$ 代替实际时间间隔 Δt,对每个时段进行时程分析。

(6)计算各单元的质量矩阵和刚度矩阵,对号入座形成总体质量矩阵 $[M]$ 和刚度矩阵 $[K]$,子空间迭代求出坝体基频 ω,并计算单元阻尼矩阵,最后形成总体阻尼矩阵 $[C]$。

(7)根据输入地震加速度 $\{\ddot{u}_g\}_{n+1}$,由 $\{R\} = -[M]\{\ddot{u}_g\}_{n+1}$,形成荷载向量 $\{R\}$。

(8)把矩阵 $[M]$、$[K]$、$[C]$ 和向量 $\{R\}$ 按式(2.18)组成 $[\bar{K}]$ 和 $[\bar{R}]$,并进行三角化分解,求得 $\{u\}_{n+1}$,由式(2.15)求得 $\{\ddot{u}\}_{n+1}$。

(9)把$\{\ddot{u}\}_{n+1}$作为$\{\ddot{u}\}_h$,按式(2.19)求得新的$\{\ddot{u}\}_{n+1}$。由式(2.14)求得$\{\dot{u}\}_{n+1}$和$\{u\}_{n+1}$。

(10)根据节点位移$\{u\}_{n+1}$计算各单元的动剪应变γ_{n+1}和动剪应力τ_{n+1}。

(11)重复步骤(5)~(10),得到各单元在每个时段内的动剪应变γ时程。

(12)求出各单元γ时程中的最大值$\gamma_{\max}$,根据等效动剪应变$\gamma_{\text{eff}}=0.65\gamma_{\max}$,查$\frac{G}{G_{\max}}$-$\gamma_d$和$\lambda$-$\gamma_d$曲线得到新的$G$和$\lambda$。

(13)重复步骤(4)~(12),直到前次用的G和新G的相对误差小于10%。

(14)重复步骤(2)~(13),直到各个时段全部计算结束,即整个地震历程结束。

(15)输出计算结果,包括输出各节点的位移、加速度的最大值及各单元的应力最大值;输出给定节点的位移、加速度时程及给定单元的应力时程;输出给定时刻节点的位移、加速度和单元的应力。

3. 阻尼阵的确定

阻尼矩阵$[C]^e$与材料的黏滞系数有关,可以根据应力与应变速率的关系推导。现在常用的Rayleigh理论则假设阻尼由两部分组成:一部分与单元的应变速率成正比;另一部分与节点的变位速率成正比。

设$\{\sigma_e\}$为与应变速率$\{\dot{\varepsilon}\}$成正比的阻尼应力,$\{F_1\}$为相应的节点力,$\{F_2\}$为第二部分的阻尼节点力,分别表示为

$$\{\sigma_e\} = \beta[D][\dot{\varepsilon}] = \beta[D][B]\{\dot{u}\} \tag{2.20}$$

$$\{F_1\} = \int_Q [B]^{\mathrm{T}}\{\sigma_e\}\mathrm{d}Q = \beta[K]\{\dot{u}\} \tag{2.21}$$

$$\{F_2\} = \alpha[M]\{\dot{u}\} \tag{2.22}$$

从而阻尼矩阵可以写为

$$[C]^e = \alpha[M]^e + \beta[K]^e \tag{2.23}$$

式中,α和β为比例系数。

由第一部分阻尼应力的定义和单自由度体系的知识,阻尼应力与应变速率的关系可表示为

$$\sigma_e = \eta\dot{\varepsilon} = \frac{\xi k}{\omega}\dot{\varepsilon} \tag{2.24}$$

式中,η为能量损耗系数;ξ为阻尼比;k为弹簧刚度系数;ω为圆频率。

通过式(2.21)和式(2.24)的类比,得到

$$\beta = \xi/\omega \tag{2.25}$$

由于实际土体不是理想的黏弹性体,而是更接近塑性滞回体,阻尼并不随ω的增大而显著降低。为了补偿这一点,Idriss等建议$\alpha=\xi\cdot\omega$。

计算时按式(2.23)求出各单元的阻尼矩阵,再叠加形成总的阻尼矩阵。

2.1.3　量化记忆动力分析模型

1. Masing 相似准则

SM 模型实质上就是在满足 Masing 相似准则的前提下,对加卸载曲线所做的一种几何变形,但它同时将 Masing 准则扩展到各向异性材料的动力反应特性上。

1)规则加载条件下的 Masing 准则

假定骨干曲线表达形式为:$\tau = f_b(\gamma)$,则有以下两点表述。

准则 1:卸载曲线与再加载曲线具有与骨干曲线相同的方程形式,所不同的是其中心移至应力反向点,应力与应变变量均增大了 2 倍,即

$$\frac{\tau - \tau_c}{2} = f_b\left(\frac{\gamma - \gamma_c}{2}\right) \tag{2.26}$$

式中,τ_c 和 γ_c 分别为反向点处的应力和应变。

准则 2:在应力反向点处(图 2.7 中的 B、E点),卸载曲线与再加载曲线的初始斜率均等于初始加载曲线 $O-A-B$ 在 $\tau = 0$ 处的切线斜率 G_0;而在卸载或再加载的反向终止点处,下降或上升分支与骨干曲线相切。

2)不规则加载条件下的 Masing 准则

准则 3:如果卸载或再加载过程中剪应变超过了历史上最大剪应变值,对于进一步加卸载或再加载将沿着初始加载曲线即骨干曲线前进,这就是所谓的上"骨干曲线",如图 2.8 中的路线所示。

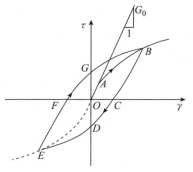

图 2.7　土的动力非线性滞回曲线

准则 4:如果现时的初始加载/卸载/再加载曲线与前期的加载/卸载/再加载曲线相遇,随后的应力-应变关系将遵循前期加载曲线前进,这就是所谓的上"大圈",如图 2.9 中 3—4 曲线所示。

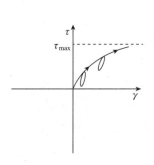

图 2.8　骨干曲线示意图

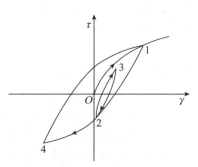

图 2.9　大圈示意图

2.SM 模型的基本理论

对 SM 模型可以从以下三个步骤来理解。

第一步：由单调加载曲线（即骨干曲线）建立初始的 SM，应用经典弹塑性理论：

$$\mathrm{d}\varepsilon = \mathrm{d}\varepsilon^e + \mathrm{d}\varepsilon^p = \frac{\mathrm{d}\sigma}{E} + \frac{\mathrm{d}\sigma}{H} \tag{2.27}$$

$$H = H(\delta) = h_0 \frac{E\delta^r}{(1-\delta)^s} \tag{2.28}$$

$$\delta = \begin{cases} 1 - \dfrac{\sigma}{\sigma_{\max}}, & \sigma \geqslant 0 \\[3mm] 1 - \dfrac{\sigma}{\sigma_{\min}}, & \sigma \leqslant 0 \end{cases} \tag{2.29}$$

结合土的实际非线性特性，将塑性模量 H 作为一个无量纲因子 δ 的函数，即 h_0、r、s 为材料常数，可以由实验数据拟合得到。

可以看出：当 $\sigma=0$ 时，$\delta=1$，$H \to \infty$，此时为完全弹性状态；当 $\sigma \to \sigma_{\max}$ 或 $\sigma_{\min}$ 时，$\delta=0$，$H=0$，此时增量应变为无穷大。通过函数 $H(\delta)$，将 H 随 σ 的非线性变化转变成 δ 随 σ 的双线性变化，如图 2.10(c) 中的 C_1C_2、T_1T_2 两条线段所示。

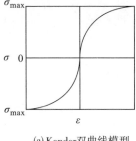
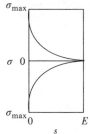
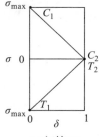

(a) Konder 双曲线模型　　(b) 响应的剪切模量变化　　(c) 初始SM

图 2.10　SM 模型

图 2.10(c) 中的两条线段 C_1C_2、T_1T_2 即为初始的 SM，它表示出了单调加载情况下 δ 在应力空间的分段线性分布。在 SM 中，δ 称为量化模量（scaled modulus），$H(\delta)$ 称为量化函数（scaled function）。为方便计，用点对 $D_i(c_i, t_i, \delta_i)$ 表示两个点 $C_i(c_i, \delta_i)$ 和 $T_i(t_i, \delta_i)$ $(i=1,\cdots,m)$，c_i 与 C_i、t_i 与 T_i 分别表示压缩和拉伸，点对 D_i 的数目 m 称为量化记忆尺寸（scaled memory size），线段 C_1C_2、T_1T_2 分别为压缩和拉伸记忆分支。从图 2.10(c) 中可以看出，初始 SM 有两个点对 D_1 和 D_2：

$$(c_1, t_1, \delta_1) = (\sigma_{\max}, \sigma_{\min}, 0), \quad (c_2, t_2, \delta_2) = (0, 0, 1)$$

第二步：在循环加载情况下，改变 δ 的分布，即对线性 SM 结构进行基本的几何变换，从而控制塑性模量的非线性变化。

(1) 当加载至 $A(\varepsilon_A, \sigma_A)$ 点开始卸载时。

假设骨干曲线为 $\sigma = f(\delta)$，斜率为 S，则根据 Masing 相似准则，卸载曲线为 $\sigma_A -$

$\sigma=2f[(\varepsilon_A-\varepsilon)/2]$,卸载曲线的斜率 $S_1=S[(\sigma_A-\sigma)/2]$。卸载点 A 处的斜率 $S_1(\sigma_A)=S_1(0)=E$,卸载至相反一侧对称点 $F(\varepsilon_F,\sigma_F)$ 处,卸载分支曲线与拉伸曲线相切,即当 $\sigma<\sigma_F$ 时,用拉伸骨架曲线段 FE 代替由 Masing 准则生成的卸载曲线段 FE',如图 2.11(a)所示。

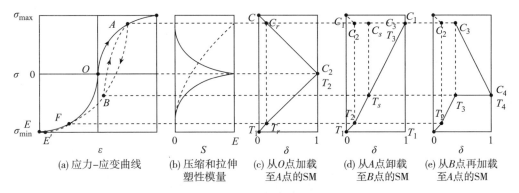

图 2.11　SM 模型加卸载曲线

根据以上假设,可以重新构建 SM,使得

$$\frac{\tau-\tau_c}{2}=f_b\left(\frac{\gamma-\gamma_c}{2}\right) \tag{2.30}$$

在 SM 上可以很容易地实现以上变化:在 SM 上插入一个新的点对 $D_r(c_r,t_r,\delta_r)$ (这里 $c_r=\sigma_A$,$t_r=\sigma_F=-\sigma_A$,$\delta_r=\delta_A$,如图 2.11 所示,让 D_1 保持不变,$D_2=D_r$,D_3 变成 $(c_3,t_3,\delta_3)=(c_r,c_r,1)$,更新后的 SM 如图 2.11 所示。整个卸载反应 $ABFE$ 可以通过式(2.31)计算得到

$$\delta=\begin{cases}\delta_2+\dfrac{\delta_3-\delta_2}{t_3-t_2}(\sigma-t_2), & t_3\leqslant\sigma\leqslant t_2\\[3mm]\delta_1+\dfrac{\delta_2-\delta_1}{t_2-t_1}(\sigma-t_1), & t_2\leqslant\sigma\leqslant t_1\end{cases} \tag{2.31}$$

式(2.31)不仅可以计算准则产生的规则卸载曲线,还可以用于不对称(即 $\sigma_{\max}\neq-\sigma_{\min}$)情况。

(2)假设卸载至 $B(\varepsilon_B,\sigma_B)$ 点时,发生荷载反向,即再加载情况。

B 点在 SM 上对应的点对 $D_s(c_s,t_s,\delta_s)$ 坐标为:$t_s=\sigma_B$,$\delta_s=\delta_B$,

$$c_s=\begin{cases}c_1+\dfrac{c_2-c_1}{\delta_2-\delta_1}(\delta_s-\delta_1), & t_1\leqslant\sigma_B\leqslant t_2\\[3mm]c_2+\dfrac{c_3-c_2}{\delta_3-\delta_2}(\delta_s-\delta_2), & t_2\leqslant\sigma_B\leqslant t_3\end{cases} \tag{2.32}$$

当 $t_2\leqslant\sigma_B\leqslant t_3$ 时,SM 有 4 个点对(即 $m=4$),点对 D_1、D_2 不变,让 $D_3=D_s$,D_4 变成 $(c_4,t_4,\delta_4)=(t_s,t_s,1)$,如图 2.11(e)所示。当 $t_1\leqslant\sigma_B\leqslant t_2$ 时,SM 将只有 3 个点对(即 $m=3$),D_1 不变,$D_2=D_s$,D_3 变成 $(c_3,t_3,\delta_3)=(t_s,t_s,1)$。可见,只有在 $t_{m-1}<$

$\sigma < c_{m-1}$ 时,记忆尺寸 m 才会增加;当 $c_k < \sigma$ 或 $\sigma < t_k$ 时,点对 D_k 被消除。

　　第三步:SM 的近似化处理。

　　由上述可知,当加载在 t_{m-1} 和 c_{m-1} 之间发生反向时,记忆尺寸 m 增加。如果荷载幅度逐渐减小(如地震加速度的衰减),点对的数目会无限多。因此,需要对 SM 的线性结构进行处理,从而控制点对的数目。

　　假设欲控制点对最大数目为 M,则当 $m > M$ 时,消除给 SM 造成最小改变的点对 D_k,这里,相对于破坏应力和最后一次方向应力点的第一个和最后一个点对除外。具体做法如下:由点对 D_k 的量化模量 δ_k 在 D_{k-1} 和 D_{k+1} 之间进行线性插值,得一点对 $D_p(c_p, t_p, \delta_p)$:

$$t_p = t_{k-1} - \frac{t_{k+1} - t_{k-1}}{\delta_{k+1} - \delta_{k-1}}(\delta_k - \delta_{k-1})$$

$$c_p = c_{k-1} - \frac{c_{k+1} - c_{k-1}}{\delta_{k+1} - \delta_{k-1}}(\delta_k - \delta_{k-1}) \tag{2.33}$$

　　由于 D_p 是由 D_{k-1}、D_{k+1} 线性插值得到的,如果没有 D_k,D_p 的存在并不会影响量化记忆的形状。因此,使式(2.34)A_k 取得最小值的 D_k 对 SM 贡献最小,可以消除。

$$A_k^2 = (t_k - t_p)^2 + (c_k - c_p)^2 \tag{2.34}$$

3. SM 算法的实现

(1)SM 初始化:$m = 2$,$c_1 = \sigma_{\max}$,$t_1 = \sigma_{\min}$,$\delta_1 = 0$,$c_2 = 0$,$t_2 = 0$,$\delta_2 = 1$,$\delta = 1$。

(2)如果加载反向,更新 SM。

①如果 $d\sigma > 0$,那么找出 σ 所在区间 (t_i, t_{i+1})。

$$m \leftarrow i + 2, \ t_{m-1} \leftarrow \sigma, \ c_{m-1} \leftarrow c_i + \frac{c_{i+1} - c_i}{\delta_{i+1} - \delta_i}(\delta - \delta_i), \ \delta_{m-1} \leftarrow \delta$$

②如果 $d\sigma < 0$,那么找出 σ 所在区间 (c_{i+1}, c_i)。

$$m \leftarrow i + 2, \ c_{m-1} \leftarrow \sigma, \ t_{m-1} \leftarrow t_i + \frac{t_{i+1} - t_i}{\delta_{i+1} - \delta_i}(\delta - \delta_i), \ \delta_{m-1} \leftarrow \delta$$

③$c_m \leftarrow \sigma$, $t_m \leftarrow \sigma$, $\delta_m \leftarrow 1$。

(3)如果超出最大记忆尺寸,对 SM 近似处理。

①找出使 A_i 最小之 i 值,这里

$$AT_k^2 = \left[t_k - t_{k-1} - \frac{t_{k+1} - t_{k-1}}{\delta_{k+1} - \delta_{k-1}}(\delta_k - \delta_{k-1}) \right]^2$$

$$AC_k^2 = \left[c_k - c_{k-1} - \frac{c_{k+1} - c_{k-1}}{\delta_{k+1} - \delta_{k-1}}(\delta_k - \delta_{k-1}) \right]^2$$

$$A_k^2 = AT_k^2 + AC_k^2$$

②j 从 i 到 M 循环:$t_j \leftarrow t_{j+1}$, $c_j \leftarrow c_{j+1}$, $\delta_j \leftarrow \delta_{j+1}$。

③$m = M$。

（4）计算应力-应变反应。

①如果 dσ＞0,那么

$$\delta = \delta_i + \frac{\delta_{i+1} - \delta_i}{c_{i+1} - c_i}(\sigma - c_i), \qquad c_{i+1} \leqslant \sigma < c_i$$

②如果 dσ＜0,那么

$$\delta = \delta_i + \frac{\delta_{i+1} - \delta_i}{t_{i+1} - t_i}(\sigma - t_i), \qquad t_i < \sigma \leqslant t_{i+1}$$

③$d\varepsilon = \dfrac{d\sigma}{S(\delta)}$, $\varepsilon \leftarrow \varepsilon + d\varepsilon$, $\sigma \leftarrow \sigma + d\sigma$。

（5）回到第（2）步,直到加载完成。

4. SM 模型参数

SM 模型有 6 个材料参数:E、σ_{max}、σ_{min}、h_0、r、s,其中 E 为应力-应变曲线的初始斜率,σ_{min} 和 σ_{max} 分别为反向加荷和正向压缩的破坏应力,无量纲常数 h_0、r、s 从不同方面影响应力-应变曲线的形状。h_0 一般在 $10^{-4} \sim 10^4$ 变化,它从整体上影响应力-应变曲线的形状,较小的 h_0 值产生较大的塑性应变,较大的 h_0 值产生一种较为刚性的反应。常数 r 主要影响 $\sigma = 0$ 附近的应力-应变曲线,s 主要影响 $\sigma = \sigma_{min}$ 和 σ_{max} 附近的应力-应变曲线。s 可以为 0,但 r 必须严格为正,才能使材料达到破坏状态。

图 2.12～图 2.14 分别为 h_0、r、s 取不同值时的应力-应变曲线。其中 $\sigma_{max} = 15\text{MPa}$,$\sigma_{min} = -15\text{MPa}$,$E = 1000\text{MPa}$。图 2.15 为 E 取不同值时的应力-应变曲线。

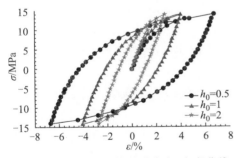

图 2.12　h_0 取不同值时动应力-应变曲线

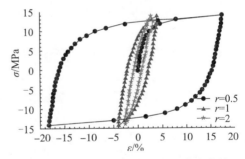

图 2.13　r 取不同值时动应力-应变曲线

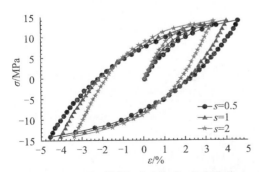

图 2.14　s 取不同值时动应力-应变曲线

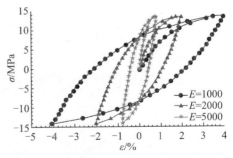

图 2.15　E 取不同值时动应力-应变曲线

常数 h_0、r、s 可以由实测的应力-应变曲线拟合得到,即使理论模型与试验结果的偏差 Δ 最小:

$$\Delta(h_0, r, s) = \sum_{i=1}^{n_c} (\sigma_i - \sigma_i^c)^2 \tag{2.35}$$

式中,$(\varepsilon_i^c, \sigma_i^c)(i = 1, \cdots, n_c)$ 为一次特定试验的试验数据点;σ_i 为由应变 ε_i^c 代入理论公式而求得的应力;n_c 为试验数据点的总数。

2.1.4　真非线性动力分析模型

中国水利水电科学研究院结合试验资料,在"九五"攻关基础上,建立了适用于高土石坝的三维非线性黏弹塑性模型,并开发了相应三维真非线性分析方法和程序。

1. 真非线性模型的建立

1)模型的数学表达式

初始加荷曲线:

$$\tau = \gamma / (1/G_{\max} + \gamma / \tau_{\max}) \tag{2.36}$$

骨干曲线:

$$\gamma_h = (\mp) A \tan\varphi' (\sigma'/P_a)^{2/3} [1 - (1 - \mathrm{DRS_d}/\tan\varphi')^{2/3}] \tag{2.37}$$

滞回圈:

$$\gamma_h = (\mp) A \tan\varphi' (\sigma'/P_a)^{2/3} \{2[1 + (\mathrm{DRS_d} - |\mathrm{DRS}|) \cdot B/\mathrm{DRS_d}]$$
$$\times [1 - (\mathrm{DRS_d}(\pm)\mathrm{DRS})/(2\tan\varphi')]^{2/3} - (1 - \mathrm{DRS_d}/\tan\varphi')^{2/3} - 1\} \tag{2.38}$$

式(2.37)和式(2.38)中,在加荷时取(一)、(+),在卸荷时取(+)、(一)。

在此非线性动力模型中,骨干曲线和滞回圈的原点不断移动产生残余变形,即有

$$\gamma = \gamma_0 + \gamma_h \tag{2.39}$$

以上各式中,τ 和 γ 为剪应力和剪应变;$\tau_{\max}$ 为极限剪应力;$\tau_{\max} = \tau_f/R_f$;R_f 为破坏比;τ_f 为破坏剪应力;φ' 为有效内摩擦角;σ' 为有效正应力;γ_0 为骨干曲线与滞回圈原点相应的剪应变或称塑性剪应变;γ_h 为以 γ_0 为零点的剪应变;A、B 为模型参数;$\mathrm{DRS_d}$ 为动剪应力比幅值;DRS 动剪应力比;$\mathrm{DRS} = \mathrm{RS} - \mathrm{RS_0}$,$\mathrm{RS} = \tau/\sigma'$,$\mathrm{RS_0}$ 为初始剪应力比。

2)模型参数的确定

模型参数 A 和 B 以及 γ_0 可以用剪应力比控制的循环三轴试验来测定,主要受振次、动剪应力比幅值和初始剪应力比影响较大。

模型参数 A 和 B 也可由等价非线性黏弹性模型参数换算近似得到,换算原则是使两变形模型的骨干曲线重合和滞回圈包围的面积相等,由下面公式确定:

$$A = \gamma_h / \tan\varphi' / (\sigma'/P_a)^{2/3} / (1 - c_1^{2/3}) \tag{2.40}$$

式中,γ_h 为动剪应变幅,即等价非线性黏弹性模型中的剪应变;$c_1 = 1 - \mathrm{DSR_d}/\tan\varphi'$,$\mathrm{DSR_d} = \tau_d/\sigma'$,$\tau_d = (G/G_{\max}) \cdot G_{\max} \cdot \gamma_h$,$(G/G_{\max})$ 是相应于 γ_h 的模量比。

$$B = [C_3 - C_4(I_1 + I_2 + I_5)]/C_4/(I_1 + I_2 + I_3 + I_4) \tag{2.41}$$

式中

$$C_2 = 1 - \mathrm{DSR_d}/(2\tan\varphi'), \quad C_3 = 2\pi \cdot \gamma_\mathrm{h} \cdot \tau_\mathrm{d} \cdot \lambda$$

$$C_4 = 2A\tan\varphi'(\sigma'/p_\mathrm{a})^{5/3}, \quad I_1 = 12/5\sigma'\tan\varphi'(1 - C_1^{5/3})$$

$$I_2 = 12/5\sigma'\tan\varphi'(C_2^{5/3} - C_1^{5/3}), \quad I_3 = -8\sigma'(\tan\varphi')^2/\mathrm{DRS_d}(3/8 - 3/5C_2 + 9/40C_2^{8/3})$$

$$I_4 = 8\sigma'(\tan\varphi')^2/\mathrm{DRS_d}[3/5C_2(C_1^{5/3} - C_2^{5/3}) - 3/8(C_1^{5/3} - C_2^{5/3})]$$

$$I_5 = -2\sigma'\tan\varphi'\mathrm{DRS_d}(C_1^{2/3} + 1)$$

其中,λ 是相应于 γ_h 的阻尼比。

鉴于本次试验研究主要取得了等价非线性黏弹性模型的相应参数,所以在本次计算中采用的真非线性模型参数是由等价非线性黏弹性模型参数换算得到的。

2. 真非线性动力反应分析算法

鉴于采用的模型的特点,为了更有效地进行真非线性动力反应分析,采用增量法和全量法交替进行的算法以控制增量法的误差积累。根据非线性黏弹塑性模型及有限元原理,推导出结构的增量和全量方程,分别为

$$[M]\{\Delta\ddot{u}\} + [C]_\mathrm{t}\{\Delta\dot{u}\} + [K]_\mathrm{t}\{\Delta u\} = \{\Delta F_\mathrm{a}\} + \{\Delta F_\mathrm{e}\} \tag{2.42}$$

$$[M]\{\ddot{u}\} + [C]_\mathrm{s}\{\dot{u}\} + [K]_\mathrm{s}\{u_\mathrm{e}\} = \{F_\mathrm{a}\} \tag{2.43}$$

式中 $\{u\}$、$\{\dot{u}\}$ 和 $\{\ddot{u}\}$ 分别为节点位移、速度和加速度;$\{u_\mathrm{e}\}$ 为弹性位移;Δ 代表增量;$[M]$ 为质量矩阵;$[C]_\mathrm{t}$ 和 $[C]_\mathrm{s}$ 分别为切线和割线阻尼矩阵;$[K]_\mathrm{t}$ 和 $[K]_\mathrm{s}$ 分别为切线和割线刚度矩阵;$\{F_\mathrm{a}\}$ 为地震力;$\{F_\mathrm{e}\}$ 为应力超过强度时加以修正的等价节点力(超越力)。

具体求解按增量步进行。对每一增量步,先求解增量方程(2.42),如果为奇数增量步,在假定 $\{\ddot{u}\}$ 不变的条件下,由全量方程(2.43)计算弹性位移 $\{u_\mathrm{e}\}$;如果为偶数增量步,在假定 $\{u_\mathrm{e}\}$ 不变的条件下计算加速度 $\{\ddot{u}\}$,并用此加速度校正方程(2.42)中的 $\{\Delta\ddot{u}\}$,以减少用增量法解方程产生的误差积累。

2.2　动力特性参数的围压依赖性

在土石坝筑坝土料动力性质的研究方面,国内外学者已经做了大量的研究工作,取得了丰富的研究成果。近年来,随着大量高土石坝工程的建设,且大多位于强震区,通过高土石坝地震动力响应分析获得大坝的抗震安全评价结果具有十分重要的意义。相对于一般的土工结构,高土石坝自身具有应力大、应力沿坝高分布不均匀和动力响应强烈等特点。另外,由于受试验设备和试验技术以及成本的制约,国内外关于高围压下主要筑坝材料的动力特性的研究成果还较为缺乏。现有的动力特性参数与剪应变的经验关系曲线和公式大多依据围压范围较窄(100～500kPa)且动应变幅较低的有限试验数据所得,这些经验公式和曲线是否适用于高土石坝动力响应分析还不得而知。近年来,随着一些大尺寸三轴试验仪及可施加高围压的动力试验设备

的研制,国内外学者针对高土石坝筑坝材料的特点,对动力特性参数关于围压的依赖性开展了更为广泛的试验和研究。在这些试验成果上,深入探讨主要筑坝材料的动力特性参数随动应变幅值变化规律的围压依赖性对高土石坝地震动力响应的影响,从而得到一些有意义的结论,为高土石坝抗震设计提供重要的依据。

动剪切模量和等效阻尼比是等效线性动力分析的两个关键参数,如图 2.16 所示,土工结构的抗震安全评价很大程度上取决于上述两个参数的测量精度,因此,自动力分析程序问世以来,国内外学者利用各种试验手段和数值模拟技术对上述两个参数的主要影响因素及其影响程度开展了广泛的研究和探讨,取得了一些研究成果。其中,陈国兴等[5]对国外 Seed 等[6,7]低围压下的动应力-应变关系试验成果进行了分析和总结归纳,针对 100m 级以下的土石坝推荐了几种以不同物性指标估算 G_{max}、G/G_{max}-γ 和 ξ-γ 的经验曲线和经验公式。现阶段,随着试验技术的发展和新型动力试验设备的研制,使得研究高围压下土料的动力特性成为可能,同时现阶段高土石坝工程建设的需要也使得这项研究工作成为必须。另外,高土石坝中的粗粒土等新型填筑材料的出现也使得动力特性参数的研究工作更具有挑战性。栾茂田等[8]通过变化堆石料微小应变下的剪切模量以及剪切模量随应变幅衰减曲线和阻尼比随应变幅增长曲线的取值范围,给出了降低动力特性参数围压依赖性的三参数公式,利用三维等效线性动力有限元方法研究了材料动力特性对混凝土面板堆石坝的地震反应的影响,计算结果表明,在低应变幅值条件下,坝料动力特性的围压依赖性对面板堆石坝等效振动体系的自振特性、堆石体动力响应和面板动应力等的影响可以忽略不计。Darendelli[9]专门就土料动力特性参数与有效围压的相关性等因素进行了探讨,指出围压对土动力性质的影响主要表现为对动剪切模量衰减曲线、等效阻尼比增长曲线和初始最大剪切模量的影响,且这种依赖性与土料的塑性指数和应变幅值有密切联系。

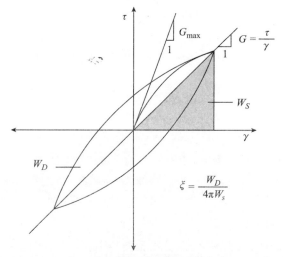

图 2.16　等效线性动力分析模型

2.2.1　动剪切模量的围压依赖性

微应变幅($10^{-6} \sim 10^{-5}$)条件下的动剪切模量即初始剪切模量 $G_{\max}$,该参数是描述土动力特性的一个基本参数,通常采用室内共振柱试验或现场波速试验来确定。大量国内外学者的研究成果表明,初始剪切模量有较强的围压依赖性。Hardin 和 Drnevich[10]基于现场试验和室内试验测量结果给出了初始剪切模量与围压的经验关系公式:

$$G_{\max} = k_1 P_a \left(\frac{\sigma'_0}{P_a} \right)^{n_1} \tag{2.44}$$

式中,k_1 为模量系数;σ'_0 为平均有效主应力,由非线性静力分析确定;P_a 为标准大气压,$G_{\max}$、σ'_0、P_a 采用同一量纲;n_1 为模量指数,由试验结果确定。

为描述动剪切模量随应变幅值增加而衰减的特性,通常将某一应变幅值下的剪切模量 G 用微幅应变条件下的最大初始剪切模量 $G_{\max}$ 进行归一化处理,记为 $G/G_{\max}$。经归一化处理后的试验结果表明,相同剪应变幅度时动剪切模量随应变幅变化曲线的衰减梯度随围压的增大逐渐降低。Ishibashi 和 Zhang[11]给出了 $0.6 \sim 200\mathrm{kPa}$ 范围内动模量比随应变幅衰减规律与围压的关系,如图 2.17 所示。

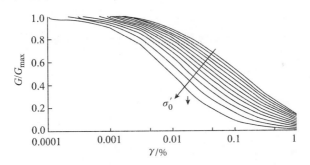

图 2.17　动剪切模量比随剪应变幅归一化衰减曲线

为考虑围压对动力特性参数的影响,Darendelli 将广泛应用的 Hardin 双曲线模型做了进一步改进,如式(2.45)所示:

$$\frac{G}{G_{\max}} = \frac{1}{1 + (\gamma/\gamma_r)^a} \tag{2.45}$$

$$\gamma_r = K_2 Pa \left(\frac{\sigma'_0}{Pa} \right)^{n_2} \tag{2.46}$$

式中,G 为土体单元某一应变幅条件下的动剪切模量;$G_{\max}$ 为土体单元实际静应力条件下的最大初始剪切模量;γ 为土体单元应变幅值;γ_r 为参考剪应变;K_2、n_2、a 为参数,由三轴试验结果确定。

另外,我国的栾茂田等[8]针对面板堆石坝中堆石料的动剪切模量的围压依赖性提出采用三参数通用方程来描述半对数坐标系下归一化模量比 $G/G_{\max}$ 随剪应变 γ

增长的变化规律,即

$$\frac{G}{G_{\max}} = 1/\{\ln[e + (\gamma/a)^n]\}^m \tag{2.47}$$

$$a = 0.045 + 0.00024\,\sigma_0' - 1.75 \times 10^{-7}(\sigma_0')^2 \tag{2.48}$$

式中,e 为孔隙比;a、n、m 为拟合参数,通过调整参数 a 模拟堆石料剪切模量比试验曲线对围压的依赖性。

　　上述两种方法给出的动模量比与剪应变幅的关系表达式在一定程度上考虑了动剪切模量随应变幅变化规律的围压依赖性,但针对不同类别的土料,公式中参数取值的随意性较大,难以形成统一的标准,因此还无法广泛应用于实际工程。相比而言,将各围压下归一化的动模量比随应变幅衰减曲线进行均化处理,即采用平均曲线(均值曲线)描述各土料不同围压下动模量比随应变幅的衰减规律,利用土体单元的实际围压由式(2.44)确定其最大初始剪切模量,进而由式(2.49)确定土体单元的动剪切模量:

$$G = \overline{G}\,\frac{G_{\max}}{\overline{G_{\max}}} = \overline{G}\left(\frac{\sigma_0'}{\overline{\sigma_0'}}\right)^{n_1} \tag{2.49}$$

式中,$\overline{G}$ 为均值曲线上某一应变幅值对应的动剪切模量;$\overline{G}_{\max}$ 为平均围压下初始最大剪切模量;$\overline{\sigma_0'}$ 为平均围压。

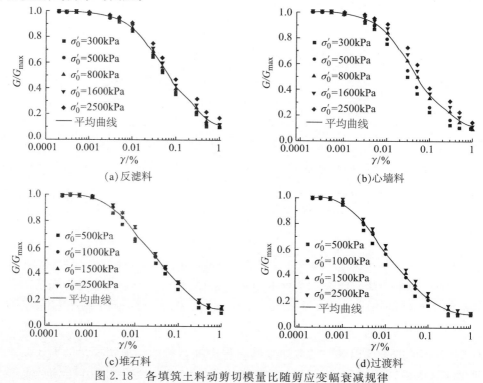

图 2.18　各填筑土料动剪切模量比随剪应变幅衰减规律

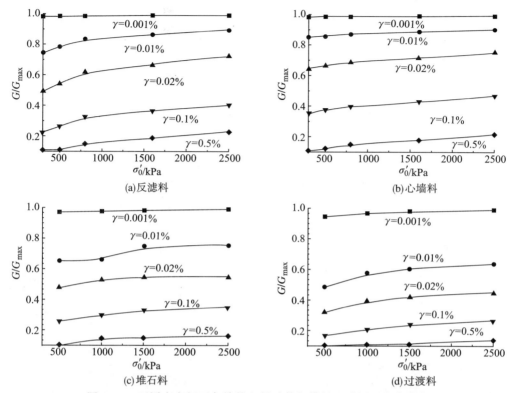

图 2.19　不同应变幅下各填筑土料动剪切模量比随围压变化曲线

该法模型简单，且在一定程度上可降低动模量比随应变幅衰减曲线对围压的依赖性。但当围压范围较大时，采用平均曲线（均值曲线）表征各围压下的动模量比随应变幅衰减曲线是否合适，仍需进一步研究和探讨。

中国水利水电科学研究院（以下简称水科院）利用大尺寸三轴试验仪和动力试验设备研究了长河坝高心墙堆石坝主要筑坝材料在较大围压范围内的动剪切模量比（G/G_{max}）随应变幅（γ）的衰减关系，如图 2.18 所示。图 2.19 为不同应变幅下各填筑土料的动剪切模量比随围压的变化曲线。

图 2.18 和图 2.19 表明，归一化后的动剪切模量随应变幅的衰减曲线表现出一定的围压依赖性，且随动应变幅值的增加有放大的趋势，当动剪应变幅达到一定幅值时（如 0.0001），同一应变幅值条件下各围压下的动模量比差异较大，均值曲线（如图 2.18 中实线所示）无法完全表征处于不同围压下动剪切模量随应变幅的衰减规律。

2.2.2　等效阻尼比的围压依赖性

Ishibashi 和 Zhang 给出的 $0.6\sim200$kPa 有效围压范围内等效阻尼比随应变幅变化规律的试验结果表明，随着围压的增大，等效阻尼比（ξ）随应变幅（γ）的变化曲线将向上有所升高，如图 2.20 所示。水科院利用大尺寸三轴试验仪和动力试验设备研究了长河坝高心墙堆石坝主要筑坝材料在较高围压下的等效阻尼比(ξ)随应变幅(γ)的增长关系,如图2.21所示。图2.22为不同应变幅下各填筑土料的等效阻尼比随围压的变化曲线。

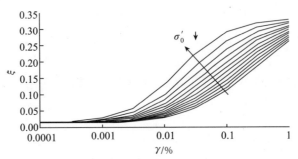

图 2.20   等效阻尼比随剪应变幅增长规律

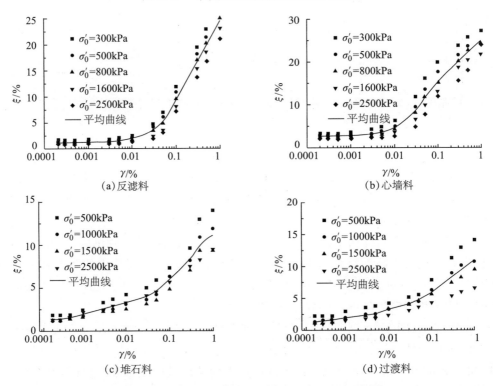

图 2.21   填筑土料等效阻尼比随剪应变幅增长规律

图2.21和图2.22表明,在较大范围围压下,等效阻尼比随应变幅变化的衰减关系呈现一定的围压依赖性,且随应变幅值的增长有放大的趋势,当动剪应变幅值达到0.0003时,同一应变幅值条件下各围压下的等效阻尼比存在明显差异,平均曲线(均值曲线)(如图2.21中实线所示)无法表征处于不同围压下等效阻尼比随应变幅的增长规律。

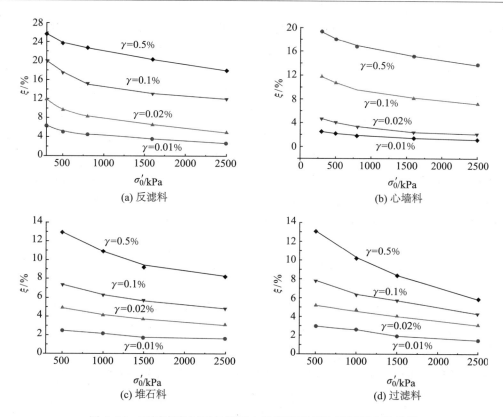

图 2.22　不同应变幅下各填筑土料等效阻尼比随围压变化曲线

2.3　改进的动力分析模型

在以往的高土石坝动力响应分析中,一般采用基于等效黏弹性模型的等效线性化法进行动力非线性分析。该模型假设土在动力荷载作用下的应力由弹性恢复力和黏性阻尼力共同承担,土料的动剪切模量和等效阻尼比随土料的动应变幅增长而变化,通过多次线性迭代分析及动力试验获得的土料动力特性参数随应变幅变化的归一化曲线求得土体非线性动态响应的近似解。其中,土料动力特性参数随应变幅变化的归一化曲线是将土料一定范围围压内的 $G/G_{\max}$-γ 和 ξ-γ 归一化试验数据均化处理后的结果,即平均曲线或均值曲线(如图 2.18 和图 2.21 中实线所示)。然而,鉴于高土石坝结构的复杂性和重要性,该简化方法是否适用于高土石坝动力响应分析和抗震安全评价值得我们进一步研究和探讨。第一,200m 级高土石坝结构具有其特殊性,表现在坝体内部应力大(最高可达几千 kPa,远高于室内动力试验中试样上的有效围压),沿坝高分布极不均匀和坝体上部动力响应强烈(动应变幅值大);第二,由水科院给出的 $300\sim2500$kPa 筑坝材料动力特性参数随动应变幅变化的归一化曲线可知,当土体单元的动剪应变达到一定幅值时,平均曲线不能完全描述不同围压下动力特性参数随剪应变幅的变化规律,最大差异高达 1 倍左右。因此,利用水科院关于长河坝主要筑坝材料的动力试验结果,深入研究和探讨了动力特性参数的围压依赖性对高土石坝动力响应结果的影响。计算中,首先利用 Hyde 提出的残余振动孔压模型确定各时段前各土体单元的残余孔压和当前有效应力,进而由各土料较大范围内有效围压下的动力特性参数归一化试验数据,将各土体单元按当前有效围压进行线性围压插值,确定坝体内各土体单元在当前有效围压下的动力特性参数随应变幅变化的归一化曲线,即有效围压插值曲线,如此不断迭代直至所选用的动力特性参数与线性插值得到的有效剪应变相协调,计算结果即该时段土体的非线性动力响应的近似解,进入下一时段,重复上述计算步骤直至地震结束[12,13]。

2.4　围压依赖性与动力响应的相关性

以建立在深厚覆盖层上坝高超过 240m 的某高心墙堆石坝为例。坝体最大剖面及网格剖分如图 2.23 所示,图中数字表示上述 4 种填筑土料在坝体中的相应位置。静力分析采用 Duncan-Chang 建议的非线性弹性本构模型,其模型参数如表 2.1 所示;动力分析采用改进的等效线性分析模型,其模型参数如表 2.2 所示。

(a) 最大横剖面

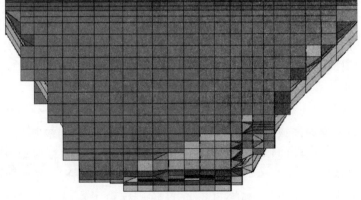

(b) 最大纵剖面

图 2.23　坝体网格剖分图

表 2.1　静力计算参数(E-B 模型)

项目	填筑密度/(g/cm³)	非线性指标		线性指标		R_f	K	n	K_b	m
		$\varphi_0/(°)$	$\Delta\varphi/(°)$	φ'	c'					
堆石料	2.36	51.6	9.1	42.3	10	0.75	1694	0.21	585	−0.08
反滤料	2.32	41.3	4.3	36.3	37	0.85	933	0.37	230	0.43
心墙料	2.35	32	5.8	25	30	0.91	494	0.23	234	0.31
过渡料	2.21	50.8	9.8	40.4	30	0.73	1000	0.24	214	0.23

表 2.2　动力计算参数

数字符号	土料	K_c	K	n
1	反滤料		1049	0.613
2	心墙料	1.5	1329	0.518
3	堆石料		3106	0.468
4	过渡料		2920	0.445

在地震动力响应分析中考虑坝体的三维效应,采用三向地震动输入,大坝设计基岩水平向峰值加速度为 0.359g。竖向地震输入加速度峰值折减为顺河向的 2/3,地震持续时间为 30s,时间步长为 0.02s,共划分 15 个计算时段。输入的基岩加速度时程曲线如图 2.24 所示,动力分析方案如表 2.3 所示。

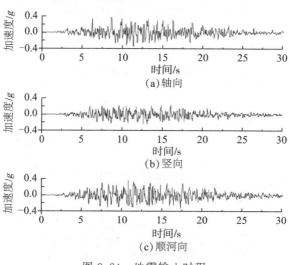

图 2.24　地震输入时程

表 2.3　动力计算方案

方案编号	G/G_{max}-γ	ξ-γ
方案 A	有效围压插值曲线	平均曲线(均值曲线)
方案 B	平均曲线(均值曲线)	有效围压插值曲线
方案 C	有效围压插值曲线	有效围压插值曲线
方案 D	平均曲线(均值曲线)	平均曲线(均值曲线)

2.4.1 动剪切模量和等效阻尼比

基于等效线性动力分析法给出了如表 2.3 所示 4 种方案下的坝体上、下游面的动力特性参数沿坝高分布情况,如图 2.25 和图 2.26 所示。

由图 2.25 和图 2.26 可知,高土石坝筑坝材料动力特性参数随应变幅变化曲线的围压依赖性对坝体动力特性参数的分布具有显著影响。在坝体上、下游面上,方案 A 和 C 在接近 2/5 坝高处与方案 B 和 D 的分布曲线相交,在该交点以下,由方案 A 和 C 得到的动剪切模量比明显大于方案 B 和 D,而在该交点以上,则呈相反趋势。另外,等效阻尼比在坝体上、下游面沿坝高也呈类似的分布趋势,只是交点所处位置略有不同,约在坝高 4/5 处。

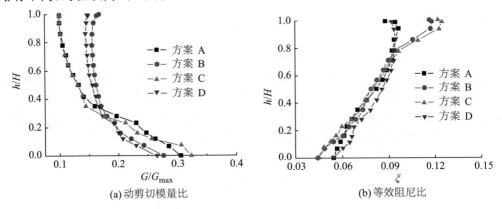

图 2.25　坝体上游面动力特性参数沿坝高分布趋势

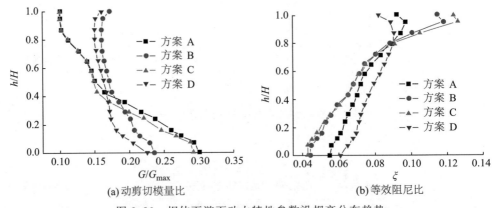

图 2.26　坝体下游面动力特性参数沿坝高分布趋势

2.4.2 最大绝对加速度

表 2.4 给出了坝体顺河向、竖向和坝轴向最大绝对加速度计算结果。坝体中轴线处三个方向上的动力响应加速度沿坝高分布趋势如图 2.27 所示。

表 2.4　坝体最大绝对加速度

计算方案	绝对加速度		
	顺河向	竖向	坝轴向
方案 A	$0.927g(2.53)$	$0.685g(2.81)$	$0.726g(1.98)$
方案 B	$0.829g(2.26)$	$0.593g(2.43)$	$0.805g(2.20)$
方案 C	$0.869g(2.37)$	$0.587g(2.41)$	$0.709g(1.94)$
方案 D	$0.979g(2.67)$	$0.637g(2.61)$	$0.871g(2.38)$

注:括号内为绝对加速度放大倍数

　　由表 2.4 可知,动模量比随应变幅变化规律的围压依赖性对坝体最大绝对加速度大小及分布的影响起主导作用。

　　如图 2.27 所示,由于坝体底部土体单元动应变幅值较小,坝体底部的峰值加速度受动力特性参数围压依赖性的影响较小,而在坝体中上部,土体单元的动剪切模量比随有效围压的降低而显著降低,等效阻尼比则随有效围压的降低而逐渐增大,4 种方案下的加速度响应存在较大差异。在坝体 $1/2H\sim4/5H$,考虑动剪切模量比围压依赖性的加速度响应明显低于其他方案的计算结果。在坝顶附近,方案 D 得到的三

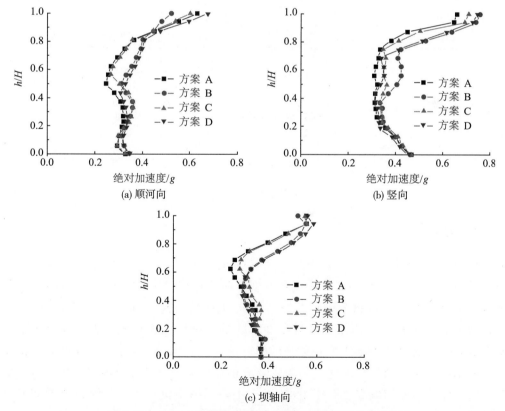

图 2.27　坝体中轴线处最大绝对加速度沿坝高分布趋势

个方向上最大绝对加速度最大,考虑动力特性参数围压依赖性的计算方案中坝顶的鞭梢效应有所减弱。

2.4.3　永久变形

　　表 2.5 给出了表 2.3 所列 4 种方案下的坝体永久变形计算结果。计算结果表明,土料动力特性参数随应变幅变化规律的围压依赖性对坝体的抗震性能具有显著的影响,考虑动力特性参数围压依赖性的方案获得的竖向永久变形结果均比方案 D 有不同程度的降低,其中方案 A 降低最大,降低了 30.7%。另外,由坝体永久变形分布图可知,动力特性参数的围压依赖性对永久变形在坝体中的分布影响甚微,本节仅给出了方案 D 得到的最大竖向永久变形分布图,如图 2.28 所示。

表 2.5　坝体地震永久变形

计算方案	顺河向		竖向		坝轴向	
	向上游	向下游	向上	向下	向右	向左
方案 A	−10.85	17.1	0.00	−78.6	−18.65	19.1
方案 B	−13.55	24.1	0.01	−92.9	−22.45	25.3
方案 C	−12.85	22.1	0.00	−90.7	−22.56	23.4
方案 D	13.7	24.95	0.05	−113.5	−27.5	29.89

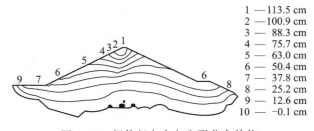

```
1 — 113.5 cm
2 — 100.9 cm
3 —  88.3 cm
4 —  75.7 cm
5 —  63.0 cm
6 —  50.4 cm
7 —  37.8 cm
8 —  25.2 cm
9 —  12.6 cm
10 —  −0.1 cm
```

图 2.28　坝体竖向永久变形分布趋势

2.4.4　液化

　　长期以来,液化分析一直作为土石坝抗震安全评价的一项重要指标而被广泛使用,可液化型土料的液化程度直接关系着坝体在地震时程中的安全性。因此,本节着重研究土料动力特性参数的围压依赖性对上游面反滤层的液化程度的影响,如图 2.29 所示。图中标尺中的数字为液化型单元的动强度安全储备系数[13],当安全储备系数大于 1.3 时认为土体单元是安全的。计算分析结果表明,坝体材料动力特性参数的围压依赖性对反滤层的液化程度及液化分布均具有显著影响,其中,动剪切模量比围压依赖性的影响起主导作用,如图 2.29(a)和(c)所示。不考虑动力特性参数围压依赖性的方案 D 的液化程度较重,分布范围较大。

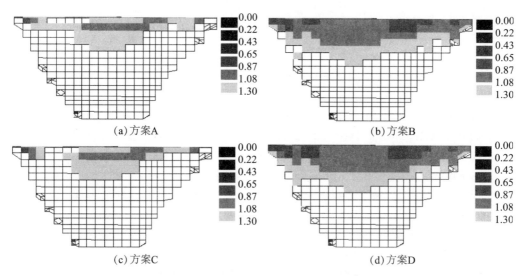

图 2.29　坝体上游面反滤层液化分布图

利用水科院关于某心墙堆石坝填筑土料的动力特性参数的试验结果,通过 4 种方案下得到的动力特性参数的分布、最大绝对加速度、永久变形和液化等动力响应结果的对比分析,指出在以往的高土石坝动力响应分析中采用平均曲线或均值曲线作为线性迭代分析中的动力特性参数插值曲线(方案 D)存在一定的局限性,会导致保守的评价结果。因此,在高土石坝等效线性动力分析中,将动力特性参数随应变幅的变化规律对围压的依赖性和残余振动孔压模型引入其中,利用各种土料在较大范围内动力特性参数归一化试验结果将各土体单元按各时段内有效围压进行线性围压插值,确定土体单元当前围压下的动力特性参数随应变幅变化归一化曲线即作为该时段线性迭代分析中采用的动力特性参数插值曲线(方案 C),计算结果表明,动力特性参数随应变幅变化规律的围压依赖性对土石坝动力响应结果的影响随坝高和动剪应变幅的增加而增大;另外,考虑动力特性围压依赖性得到的坝体顶部区域的动力响应加速度、震害引起的坝体沉降和液化情况均明显降低,可为经济合理地选择抗震设计参数和抗震加固方案提供一定的参考。

参 考 文 献

[1] 赵剑明,常亚屏,陈宁.加强高土石坝抗震研究的现实意义及工作展望.世界地震工程,2004, 20(1):95-99.

[2] 周建平,杨泽艳,陈观福.我国高坝建设的现状和面临的挑战.水利学报,2006,37(12): 1433-1438.

[3] 迟世春,刘怀林.量化记忆模型在土工建筑物动力分析中的应用.水利学报,2003,(10):51-59.

[4] 赵剑明,汪闻韶,常亚屏,等.高面板坝三维真非线性地震反应分析方法及模型试验验证.水利

学报,2003(9):12-18.

[5] 陈国兴,谢君斐,张克绪. 土的动模量和阻尼比的经验估计. 地震工程与工程振动,1995,15(1):73-84.

[6] Seed H B,Idriss I M. Soil Moduli and Damping Factors for Dynamic Response Analyses. California:University of California,1970.

[7] Seed H B,Martin G R. The seismic confficient in earth dam design. Journal of Soil Mechanics and Foundations Division,1966,(SM3):25-58.

[8] 栾茂田,吴兴征,阴吉英. 堆石料动力特性参数对面板堆石坝三维非线性地震响应的影响. 水力发电学报,2001,(1):7-18.

[9] Darendelli,M B. A New Family of Normalized Modulus Reduction and Material Damping Curves. Texas:University of Texas,2001.

[10] Hardin B O,Drnevich V P. Shear modulus and damping in soils: measurement and Parameter effects. Journal of Soil Mechanics and Foundations Division,ASCE,1972,98(SM6): 603-624.

[11] Ishibashi I,Zhang X. Unified dynamic shear moduli and damping of sand and clay. Soils and Foundation,1993,33:182-191.

[12] 李红军,迟世春,钟红,等. 考虑土料动力特性参数围压依赖性的高土石坝动力反应分析. 水利学报,2007,38(8):938-943.

[13] Li H J,Chi S C,Lin G,et al. A modified approach for determination of nonlinear properties in seismic response analyses for high core rock-fill dams. Canadian Geotechnical Journal,2008,8(8): 1064-1072.

第3章 高土石坝地震变形分析

在地震作用下,土石坝在不规则惯性荷载作用下将产生不可恢复的残余变形。工程师可据此判断大坝的抗震安全性,并为抗震预留坝高提供设计依据。因此,地震永久变形的预测成为土石坝抗震设计中一个很重要的问题。

当前土石坝地震永久变形分析方法主要分为三类[1]:一是以 Newmark 为代表的滑动刚体位移分析法;二是以 Serff 等为代表提出的整体位移分析法;三是动力弹塑性分析方法。Newmark 法的基本思想是将滑动体看成刚体,当地震作用的加速度超过滑块(滑动体)屈服加速度 $k_y g$ 时,滑动力将超过滑块沿滑动面的抵抗力,滑块开始滑移。地震波的加速度是随时间变化的,当地震作用的加速度小于滑块的屈服加速度时,滑动位移停止。将作用在滑动体上的地震加速度全过程进行分析,对超出屈服加速度的部分进行两次积分,就可以求得滑动体由于地震作用产生的永久位移,整体位移分析法的基本假定是把坝体作为连续介质来处理,通过某种等效的方法并结合试验来模拟土石料的地震残余应变,最后确定土石坝的地震永久变形。动力弹塑性分析方法是采用土的动力弹塑性模型,建立土石坝动力弹塑性方程,逐步求解得到坝的永久变形。但由于土的动力性质的复杂性,动力弹塑性方程求解仍然存在困难,目前土石坝动力弹塑性分析方法仍不成熟。

在现有的土石坝地震永久变形的计算方法中,整体变形分析法是运用最广泛的。Serff 等[2]提出了多种永久变形的整体变形分析方法,包括简化方法、修正模量法(线性和非线性)、等价节点力法,以及 Taniguchi、Whitman 提出的等价惯性力法等。这些方法的一个共同特点是通过循环三轴试验取得在不同应力条件下和一定等效循环周数的单元应变势作为基本依据,同时都假设被计算的土工结构物为连续介质。在地震永久变形的各种计算方法中,引入不同的假设,对土工结构在地震作用下的行为进行不同的简化,因而得到了各种方法。地震永久变形的整体分析法是在坝体静动力有限元分析的基础上进行的,因此这里首先简单介绍有限元静动力分析的参数、工况等基本情况,然后介绍筑坝土石料动应力-残余应变关系试验参数以及整体地震永久变形的简化分析法、软化模量法、等价节点力法、等价惯性力法及其计算结果。

3.1 残余应变势

整体永久变形分析是在完成土石坝静、动力响应分析的基础上完成的。目前基于等效线性分析模型的高土石坝地震动力响应分析只能得到坝体中各点的时程动应力和动应变曲线,无法直接计算坝体结构的地震永久变形。鉴于上述原因,Seed 和 Serff 提出了基于"应变势"概念的整体变形分析法。在室内动三轴试验条件下,当一个循环周期始、末时刻对应的应变相等时,残余应变为零;而当一个循环周期始、末时刻对应的应变出现差值时,应力应变滞回曲线不闭合,该差值即土体单元应变势。土体的应变势除跟动应力幅值和循环作用次数有关,还和土体的初始静应力等诸多因素有关。另外,动三轴试验测出的单元应变势包括轴向应变和体积应变,其在实际土体单元中相应的方向不清楚。目前一般在假定残余应变的主轴方向与应力主轴方向一致的条件下,利用式(3.1)将其转化为直角坐标系下的应变势:

$$d\varepsilon_{ij} = \frac{1}{3}\Delta\varepsilon_{pv}\delta_{ij} + \frac{1}{2}(3\Delta\varepsilon_{pa} - \Delta\varepsilon_{pv})\frac{s_{ij}}{\sigma_1 - \sigma_3} \tag{3.1}$$

式中,$d\varepsilon_{ij}$ 为直角坐标系下各残余应变增量;δ_{ij} 是克罗内克记号;s_{ij} 为应力偏量张量;$\Delta\varepsilon_{pv}$ 和 $\Delta\varepsilon_{pa}$ 为残余体应变增量和残余轴向应变增量。

国家"八五""九五"和"十五"科技攻关课题中重点就高土石坝填筑材料的动应力与残余剪应变的关系进行了深入研究,下面简单介绍一下期间各重大工程筑坝材料残余应变和动应力的试验结果和经验公式。

3.1.1 紫坪铺坝料动应力和残余应变的关系

水科院在"八五"期间研究了紫坪铺坝料(风干料)在排气条件下的动应力和残余剪应变关系[3]:

$$\Delta\tau = k_1\gamma_p^{n_1} \tag{3.2}$$

式中,$\Delta\tau$ 为动应力,kPa;γ_p 为残余剪应变,%;k_1、n_1 为试验参数,见表 3.1。

表 3.1　风干料的残余应变参数

试料	振动次数 N	σ_3/kPa	固结比 k_c	k_1	n_1
灰岩垫层料	10	200	1.5～3.0	260.89	0.792
		1000	1.5～2.0	574.07	0.802
砂砾石 过渡料	10	200	1.5～3.0	116.60	0.558
		1000	1.5～2.0	763.43	0.873

注:试验参数选自《高土石坝坝料及地基土动力工程性质研究》

水科院在"八五"期间对紫坪铺坝料(灰岩堆石料)还进行了饱和料在固结排水条件下的动应力和残余剪应变以及残余体应变关系的试验。动应力和残余剪应变的关系采用谷口公式:

$$\Delta\tau = \frac{\gamma_p}{a + b\gamma_p} \tag{3.3}$$

式中,$\Delta\tau$ 为动应力,kPa;γ_p 为残余剪应变,%;a、b 为试验参数,见表 3.2。

表 3.2 灰岩堆石料残余剪应变参数

σ_3/kPa	固结比 k_c	振动次数 N	a	b
100	1.5~2.5	30	0.00498	0.00642
500	1.5~2.5	30	0.00281	0.00195

动应力和残余体应变的关系为

$$\varepsilon_{pv} = k_2 \left(\frac{\Delta\tau}{\sigma_0'} \right)^{n_2} \tag{3.4}$$

式中，ε_{pv} 为残余体应变，%；$\Delta\tau$ 为动应力；k_2、n_2 为试验参数，见表 3.3。

表 3.3 灰岩堆石料残余体应变参数

σ_3/kPa	固结比 k_c	振动次数 N	k_2	n_2
100	1.5	30	0.607	1.111
	2.5	30	0.347	0.745
500	1.5	30	2.858	1.557
	2.5	30	3.236	1.511

3.1.2 吉林台坝料动应力和残余应变关系

沈珠江和徐刚对新疆吉林台坝料（灰岩）进行了动应力与残余应变的试验[4]：

$$\Delta\varepsilon_{pv} = c_1 \gamma_d^{c_2} \exp(-c_3 s_l) \frac{\Delta N}{1+N} \tag{3.5}$$

$$\Delta\gamma_p = c_4 \gamma_d^{c_5} s_l^2 \frac{\Delta N}{1+N} \tag{3.6}$$

式中，$\Delta\varepsilon_{pv}$、$\Delta\gamma_p$ 为残余体应变、残余剪应变增量；γ_d 为动应变幅值；s_l 为剪应力比；$s_l = \tau/\tau_f$，N、ΔN 为振动次数及其增量，c_1、c_2、c_3、c_4、c_5 为试验参数，见表 3.4。

表 3.4 灰岩残余应变参数

坝料	c_1	c_2	c_3	c_4	c_5
垫层料	0.00050	0.75	0.0	0.39	0.75
主堆石料	0.00056	0.75	0.0	0.39	0.75

3.1.3 关门山和瀑布沟坝料动应力和残余应变关系

在"八五"国家科技攻关中，大连理工大学抗震研究室对关门山和瀑布沟粗粒料的动应力和残余应变关系进行了深入的试验研究[5-7]：

$$\frac{\tau_s + \tau_d (\sigma_3'/P_a)^m}{\sigma_0'} = \frac{\gamma_p/e}{a + b\gamma_p/e} + \frac{\tau_s}{\sigma_0'} \tag{3.7}$$

式中，τ_s 为试样 45° 面上的初始剪应力；τ_d 为动剪应力；σ_3' 为固结围压；σ_0' 为试样初始平均有效应力;γ_p 为残余剪应变,e 为孔隙比;a、b、m 为试验参数,见表 3.5。

表 3.5 残余剪应变参数

N	a			b		
	$k_c=1$	$k_c=2$	$k_c=3$	$k_c=1$	$k_c=2$	$k_c=3$
0	0.118	0.190	0.263	0.802	0.870	0.938
10	0.589	0.938	1.287	0.808	0.876	0.944
20	0.675	1.112	1.549	0.807	0.877	0.947
30	0.674	1.206	1.738	0.844	0.888	0.932

3.1.4 糯扎渡坝料动应力和残余应变关系

水科院在"十五"期间对糯扎渡主要坝料进行了饱和料在固结排水条件下的动应力和残余剪应变以及残余体应变关系的试验,其试验参数如表 3.6 和表 3.7 所示[8]。

表 3.6 残余体应变参数

坝料	干密度/(g/cm³)	σ'_3/kPa	k_2	n_2
细堆石料	2.00	200	1.1494	1.7110
		600	2.2826	1.7156
		1000	4.4554	1.7098
粗堆石料	1.98	200	0.8834	2.0720
		600	2.3706	2.0425
		1000	6.3436	2.0217
反滤料	1.89	200	1.3383	1.7470
		1000	5.4297	1.7363

表 3.7 残余剪应变参数

坝料	干密度/(g/cm³)	σ'_3/kPa	k_1	n_1
细堆石料	2.00	200	1.2177	1.9133
		600	3.0356	1.8805
		1000	10.5960	2.0206
粗堆石料	1.98	200	1.2044	2.1329
		600	4.0120	2.1677
		1000	5.5212	1.5016
反滤料	1.89	200	0.7357	2.2474
		1000	4.8649	1.7122

由式(3.3)和式(3.4)得糯扎渡筑坝材料心墙料和反滤料残余体应变、剪应变与动应力的关系,具体参数如表 3.8 和表 3.9 所示。

表 3.8　残余体应变参数

土料	σ'_3 /kPa	k_c	干密度 /(g/cm³)	$N_f=12$ 次		$N_f=20$ 次	
				k_1	n_1	k_1	n_1
反滤料	200	1.5	1.94	3.316	2.064	3.586	1.996
		2.5		3.013	1.982	3.365	1.965
	800	1.5		5.726	1.850	6.500	1.826
		2.5		5.736	1.886	5.693	1.741
心墙掺砾料	200	1.5	1.93	0.522	2.046	0.459	1.703
		2.5		1.235	2.801	1.519	2.817
	800	1.5		8.201	3.853	13.686	3.943
		2.5		75.235	4.409	65.349	4.066
心墙混合料	200	1.5	1.76	0.575	2.784	0.533	2.344
		2.5		12.370	4.174	4.269	3.168
	800	1.5		0.416	1.867	0.998	2.164
		2.5		0.460	2.093	0.853	2.046

表 3.9　残余剪应变参数

土料	σ'_3 /kPa	k_c	干密度 /(g/cm³)	$N_f=12$ 次		$N_f=20$ 次	
				$a(\times10^{-3})$	$b(\times10^{-3})$	$a(\times10^{-3})$	$b(\times10^{-3})$
反滤料	200	1.5	1.94	1.160	4.745	1.406	4.701
		2.5		3.814	2.668	4.472	2.522
	800	1.5		0.913	1.828	1.140	1.730
		2.5		1.475	1.101	1.746	1.043
心墙掺砾料	200	1.5	1.93	2.586	0.325	2.919	−0.116
		2.5		2.283	4.338	2.720	4.228
	800	1.5		0.650	2.433	0.732	2.481
		2.5		0.576	3.767	0.723	3.776
心墙混合料	200	1.5	1.76	1.985	5.756	2.090	5.811
		2.5		0.985	9.798	1.090	9.830
	800	1.5		1.689	2.757	1.963	2.744
		2.5		0.978	5.130	1.327	5.163

3.1.5　长河坝坝料动应力和残余应变关系

水科院对长河坝主要坝料进行了饱和料在固结排水条件下的动应力和残余轴向
应变以及残余体应变关系的试验[9]，其试验参数按照式（3.4）整理，如表 3.10 和表
3.11 所示。

表 3.10　残余轴向应变参数

土料	干密度/ (g/cm³)	σ'_3 /kPa	固结比 k_c	N=12 次		N=20 次		N=30 次	
				k_2	n_2	k_2	n_2	k_2	n_2
堆石料	2.13	500	2.0	11.580	2.101	10.871	1.957	10.050	1.806
		1000	2.0	11.455	1.681	11.221	1.603	12.493	1.615
		1500	2.0	14.024	1.654	15.336	1.653	15.365	1.597
过渡料	2.10	500	2.0	8.237	1.659	7.630	1.501	7.847	1.462
		1000	2.0	10.423	1.507	9.871	1.416	9.332	1.330
		1500	2.0	13.666	1.543	12.976	1.445	13.963	1.441
反滤2	2.18	500	2.0	4.842	1.608	6.141	1.724	6.036	1.630
		1000	2.0	8.306	1.665	9.632	1.673	10.539	1.676
		1500	2.0	9.054	1.508	10.016	1.508	9.661	1.416

表 3.11　残余体应变参数

土料	干密度 /(g/cm³)	σ'_3 /kPa	固结比 k_c	N=12 次		N=20 次		N=30 次	
				k_2	n_2	k_2	n_2	k_2	n_2
堆石料	2.13	500	2.0	3.986	1.635	3.998	1.516	3.993	1.413
		1000	2.0	4.094	1.338	4.871	1.360	4.984	1.308
		1500	2.0	5.116	1.379	5.377	1.326	5.344	1.263
		2500	2.0	9.318	1.608	9.288	1.497	6.497	1.215
过渡料	2.10	500	2.0	3.175	1.407	3.376	1.348	3.656	1.346
		1000	2.0	6.552	1.571	6.925	1.525	7.028	1.468
		1500	2.0	5.204	1.301	5.058	1.193	5.228	1.150
		2500	2.0	4.054	0.976	4.763	0.985	5.310	0.992
反滤2	2.18	500	2.0	3.498	1.736	3.164	1.548	2.982	1.400
		1000	2.0	5.238	1.753	5.914	1.726	6.534	1.720
		1500	2.0	8.566	1.918	9.328	1.850	9.746	1.807
		2500	2.0	8.194	1.784	9.374	1.718	9.227	1.581

　　根据 Seed 应变势的概念,由于相邻单元间的相互牵制,上面算得的应变势并不是各单元的实际应变,不满足单元间的变形协调条件。为了使各有限单元能产生与此应变势引起的应变相同的实际应变,就设法在有限元网格节点上施加一种等效节点力,即采用等效节点力法计算残余应变引起的坝体残余变形。

　　采用上面的方法算出坝体相应各单元的残余应变,按照残余应变的主轴方向与静力状态主轴方向一致的原则,将残余应变换算为直角坐标系下的应变$\{\varepsilon_p\}$,积分可得等效节点力$\{F_p\}$。

　　将此等效节点力作用于坝体,便可求出残余应变引起的坝体残余变形。

3.2　地震变形分析方法

基于上述方法确定坝体内各土体单元的应变势（残余应变），按照坝体产生永久变形的不同机理，地震变形分析法可分为 4 种：简化分析法、线性（非线性）软化模量法、等效节点力法、等价惯性力法[10]。

3.2.1　简化分析法

根据坝体动力分析结果，结合筑坝材料的动应力和残余应变关系曲线，确定坝体的平均残余剪切应变势，乘以坝高，近似估计坝顶的水平残留位移。

坝体的平均残余剪切应变势有不同的取法。考虑到高心墙堆石坝坝体剖面的结构特点，取与坝轴线呈 45°的上、下游坝壳射线上的堆石体单元为计算对象，重点考察位于坝体上、下游坝体堆石料的残余应变情况。程序流程图如图 3.1 所示。

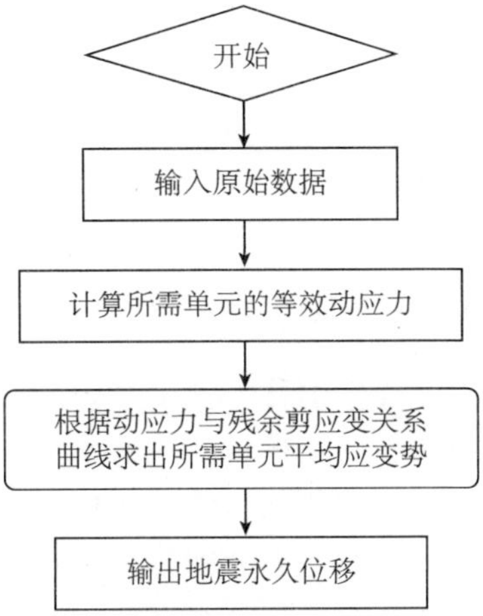

3.2.2　软化模量法

软化模量法是基于"软化模型"概念提出的，该模型认为土体单元的残余应变势是由地震荷载作用引起的土料发生软化产生的，坝体永久变形等于坝体在动荷作用前的静变

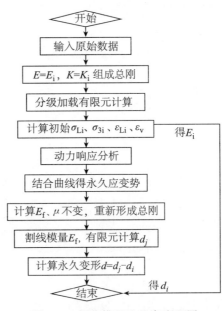

图 3.1　简化分析法流程示意图

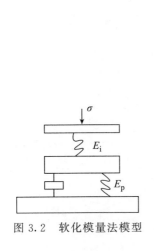

图 3.2　软化模量法模型

图 3.3　软化模量法程序流程图

形与坝体震动软化后的静变形之差[2]，其力学模型和程序流程图如图3.2和图3.3所示。

3.2.3　等效节点力法

　　等效节点力法基于不规则地震荷载对坝体的惯性力效应，通过在坝体单元节点上施加一组与由式（3.1）确定的应变势等效的静节点力，在该等效节点力作用下坝体所产生的附加变形即地震作用下坝体的永久变形[2]。

　　等效节点力由式（3.8）确定：

$$\{F\} = \iiint\limits_{V} [B]^{\mathrm{T}} [D] \{\varepsilon_{ij}^{\mathrm{p}}\} \mathrm{d}V \tag{3.8}$$

程序流程图如图3.4所示。

3.2.4　等价惯性力法

　　等价惯性力法由Taniguchi等[11]提出。该方法结合循环三轴试验中的应力（初始静应力和循环动应力幅之和）与残余应变（γ_{p}）在一定等效循环周数（N）时的无量纲关系曲线和地震动力反应分析得到的坝体中各节点的等效水平加速度分布推算出坝体各节点上的地震等效水平惯性力，将此地震等效水平惯性力作为静荷载施加在坝体节点上，依据动应力和残余应变关系曲线确定坝体的变形，将所得惯性荷载分别指向坝体上游和下游时得到的两种变形进行线性叠加，即为坝体最终永久变形。其流程图如图3.5所示。

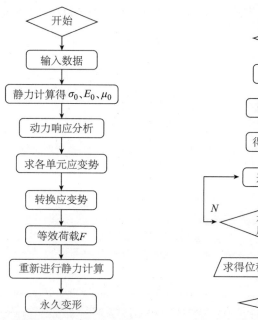

图3.4　等效节点力法流程示意图

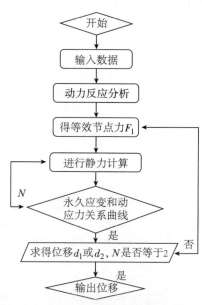

图3.5　等价惯性力法流程示意图

3.3　基于模量软化的地震变形分析

整体变形分析法根据地震荷载对土体的破坏机理主要分为等效节点力法和线性(非线性)软化模量法。传统的等效节点力法忽略了地震荷载对土体单元模量循环软化效应;而传统的软化模量法仅考虑了地震荷载剪切作用引起的剪切模量软化效应,忽略了地震荷载对结构的惯性力效应和地震荷载对土体体积模量和泊松比的影响[12]。实际上,地震惯性力效应作为一种影响因素是始终存在的,地震荷载引起的土料软化效应则具有一定的累积性,地震作用中土体结构的地震永久变形包含两部分:地震惯性力作用下产生的永久变形和地震荷载引起的土料软化产生的永久变形。两者同时存在,只是依据土体动力响应特性的不同,对地震永久变形贡献的大小有所差异[13]。针对弹性模量、体积模量和强度等参数在振动作用下不发生明显退化的土体,地震永久变形可以认为主要是地震惯性力引起的,由等效节点力法计算其永久变形即可;反之,地震永久变形则是地震惯性力效应和地震荷载引起的土料软化效应综合作用的结果。另外,基于总应力动力分析法的高土石坝动力响应分析无法反映地震引起的残余孔压对高土石坝坝体土料的累积软化效应[14]。

在土石坝地震永久变形计算中,引起土体振动残余变形的惯性力效应和软化效应均与时间因素相关,不同时刻的惯性力大小不同,而土的模量软化效应具有累积性。

鉴于此,汲取上述两种整体变形分析方法的优点,提出了可综合考虑地震荷载惯性力效应和土体软化累积效应的整体变形分析法,即考虑模量逐步软化的拟静力整体变形时程分析法。计算中,首先基于 Duncan-Chang 非线性本构 E-B 模型的静力有限元分析,确定各单元的震前平均应力和应力水平;然后,将整个地震时程分为若干时段,基于 Hardin-Drnevich 动力非线性弹性本构模型的不排水动力有效应力分析,确定各单元的动应力和应变时程;进而,基于沈珠江提出的残余应变增量模型和 Hyde 残余振动孔压模型[15],确定单元各时段内残余剪应变增量、残余体应变增量和振动孔隙水压力增量,采用各时段前的静、动力特性参数确定该时段内的等效拟静力荷载,利用该时段的残余剪应变增量、残余体应变增量和累积残余孔压对各土体单元的静、动力特性参数进行修正;最后,将得到的等效拟静力荷载施加到坝体节点上,依据修正后的应力-应变关系曲线确定坝体各节点在该时段内的永久变形增量、单元累积残余剪应变、残余体应变和残余振动孔压,直至地震结束,将各时段残留位移增量进行线性叠加即为坝体最终永久变形。

3.3.1　残余应变计算模式

基于等效线性有效应力法的高土石坝动力非线性反应分析,只能求得坝体各点在地震过程中的动应变和动应力时程,不能直接获得地震后的永久变形。为了计算永久变形,需结合循环三轴试验确定土在动应力作用下的残余剪切变形特性和残余体积变形特性。利用沈珠江提出的残余应变增量模型(式(3.5)和式(3.6))确定坝体内土体单元各时段内的残余应变增量,进而基于永久变形沿最大剪应力面发展的假定,将由经验曲线或经验公式得到的各单元残余应变利用式(3.1)转换成直角坐标系下的残余应变。

3.3.2　残余振动孔压计算模式

地震过程中土体单元的振动孔隙水压力逐渐累积,有效应力不断降低,最大动剪切模量软化效应较为明显。基于上述分析,基于不排水动力有效应力分析方法,结合 Hyde 提出的残余振动孔压经验模型确定防渗体中各土体单元在地震时程中的累积残余振动孔压,并按式(3.9)和式(3.10)对各计算时段中的土体单元的最大动剪切模量进行修正。

$$G_{\max} = k \cdot P_{\mathrm{a}} \cdot \left(\frac{\sigma'_0}{P_{\mathrm{a}}}\right)^{n_1} \tag{3.9}$$

$$\frac{G_{\max,i}}{G_{\max,0}} = \left(\frac{\sigma_0 - \Delta u(N_i)}{\sigma_0}\right)^n \tag{3.10}$$

$$\frac{\Delta u}{\sigma'_0} = \frac{\alpha}{\beta+1}(N^{\beta+1}-1)+\alpha \tag{3.11}$$

$$\log_{10}\alpha = A + B\frac{\tau_{\mathrm{d}}}{\sigma'_0} \tag{3.12}$$

其中,$G_{\max}$ 为最大动剪切模量;n 为动力参数;σ'_0 为震前平均应力;Δu 为时段末累积振动孔压;P_{a} 为大气压,$G_{\max}$、σ'_0、P_{a} 采用同一量纲;k 为系数;n_1 为指数,其值可由三轴试验结果确定;τ_{d} 为动应力的幅值;A、B、β 为与固结比有关的参数,Hyde 给出了正常固结土和超固结土的相关参数取值,分别为 $A=-1.892$、$B=2.728$、$\beta=-1.124$ 和 $A=-2.288$、$B=1.659$、$\beta=-0.986$。

3.3.3　残余变形计算模式

在动力响应分析中,首先利用沈珠江提出的残余应变增量模型和 Hyde 提出的残余振动孔压模型,根据该时段内各土体单元的静力和动力结果,利用式(3.5)、式(3.6)和式(3.11)确定该时段的残余轴应变增量、残余体应变增量和累积残余振动孔压;进而将时段末的土体单元的弹性模量、体积模量和泊松比按式(3.13)~式(3.15)进行修正[16](假设时段末的应力-应变关系仍满足双曲线形式)。

$$\frac{E_i}{E_{i-1}} = \frac{\varepsilon_{\mathrm{a},i-1}}{\varepsilon_{\mathrm{a},i-1} + \Delta\varepsilon_{\mathrm{pa},i}} \tag{3.13}$$

$$\frac{B_i}{B_{i-1}} = \frac{\varepsilon_{\mathrm{v},i-1}}{\varepsilon_{\mathrm{v},i-1} + \Delta\varepsilon_{\mathrm{pv},i}} \tag{3.14}$$

$$\frac{\mu_i}{\mu_{i-1}} = \frac{1/2 - \dfrac{\varepsilon_{a,i-1}}{\varepsilon_{a,i-1} + \Delta\varepsilon_{pa,i}} \dfrac{\varepsilon_{v,i-1}}{\varepsilon_{v,i-1} + \Delta\varepsilon_{pv,i}} E_i/6B_i}{1/2 - E_i/6B_i} \tag{3.15}$$

式中,E_i、B_i、μ_i 为第 i 时段末的静弹性模量、体积模量和泊松比;$\varepsilon_{a,i-1}$、$\varepsilon_{v,i-1}$ 为第 i 时段前静力计算的轴应变和体应变;$\Delta\varepsilon_{pa,i-1}$ 和 $\Delta\varepsilon_{pv,i-1}$ 为第 i 时段产生的残余轴应变增量和残余体应变增量。

在等效拟静力荷载确定中,延用了传统等效节点力法中将不规则随机动荷载转化为拟静力荷载的计算模式,利用该时段修正后的静、动力模量参数,将时段内产生的残余轴应变和残余体应变按式(3.16)转换成等效静力荷载增量的形式作用在坝体节点上,求解该时段内等效地震荷载引起的附加变形,即永久变形增量(式(3.17));然后利用时段末的累积残余振动孔隙水压力对土体单元的最大动剪切模量进行如式(3.10)的修正,直至地震结束,将各时段内永久变形增量进行线性叠加即为坝体最终永久变形。

$$\{\Delta F\}_p = \iiint\limits_V [B]^T [D]_p \{\Delta\varepsilon_{ij}^p\} dV \tag{3.16}$$

$$[K]_p \{\Delta\delta\} = \{\Delta F\}_p \tag{3.17}$$

式中,$[D]_p$、$[K]_p$ 为由各时段修正后的静、动力特性参数确定的弹性矩阵和刚度矩阵;$\Delta\varepsilon_{ij}^p$ 为利用式(3.1)转换后得到的直角坐标系下各单元的应变势增量;$\{\Delta F\}_p$ 为各时段产生的由残余应变引起的等效拟静力荷载增量。

3.4　验证与分析

3.4.1　计算模型和参数

采用上述高土石坝地震变形分析方法对一坐落于基岩上的高心墙土石坝进行二维数值分析。坝高为 100m,坝顶宽度为 10m,上、下游坝坡比均为 1:2,坝体心墙为掺砾料,其余为混合料,材料参数选用糯扎渡高心墙堆石坝材料参数,静力参数详见表 3.12,动力参数详见表 3.13,坝体最大剖面及网格剖分如图 3.6 所示。基岩地震输入基准期为 100 年,超越概率为 2%,峰值加速度为 0.283g,等效振次为 20 次。地震历时 20s,时间步为 0.02s,共划分为 20 个时段,地震输入时程曲线如图 3.7 所示,坝体上游水位为 95.0m,坝体浸润线位置由 Geoslope 中 Seep/w 软件给出,动力相应分析中不考虑地基与结构的相互作用,坝体底部为刚性约束。

表 3.12　材料静力参数(E-B 模型)

填筑土料	$\gamma/(kN/m^3)$	$\varphi/(°)$	$\Delta\varphi/(°)$	R_f	k	n	k_b	m
掺砾料	2.156	39.47	9.72	0.755	388	0.311	206	0.257
混合料	2.017	36.69	9.92	0.783	264	0.49	134	0.4

表 3.13　动力参数

填筑土料	k_c	k	n_1
掺砾料	2	1851.0	0.441
混合料		1514.0	0.326

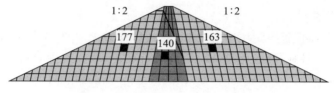

图 3.6　坝体最大剖面及网格剖分

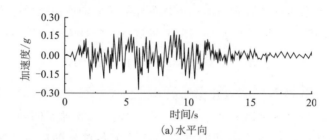

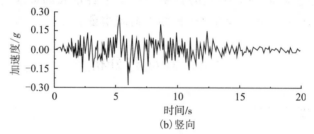

图 3.7　加速度输入时程

3.4.2　计算结果与分析

为便于比较分析,在坝体内上、下游坝壳区和防渗体区分别选择了 177、163 和 140 三个典型四边形单元,所处位置如图 3.6 所示[17,18]。

图 3.8 和图 3.9 给出了三个典型单元累积残余应变的时程累积曲线。可以看出,各典型单元的残余轴向应变和残余体积应变在地震时程中逐渐增长,处在上游坝壳区的单元 177 产生的残余轴应变和残余体应变明显高于下游坝区的单元 163。地震结束时,位于上、下游坝壳区和防渗体区的三个典型单元的残余轴应变分别为 0.62%、0.15% 和 0.23%,残余体应变分别为 0.59%、0.44% 和 0.58%。

将上述残余应变计算结果按式(3.1)转化为直角坐标系下各单元的残余应变,通过式(3.13)~式(3.15)确定各时段末各单元的累积孔压、静弹性模量、体积模量和泊松比。三个典型单元的计算结果示于图 3.10 和图 3.11,表 3.14 给出了处在浸润线下防渗体区的单元 140 的各时段末的累积残余振动孔压、静弹性模量、体积模量和泊松比的计算结果。

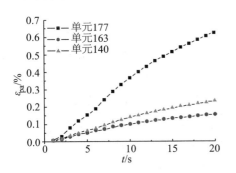

图 3.8　典型单元残余轴应变发展时程

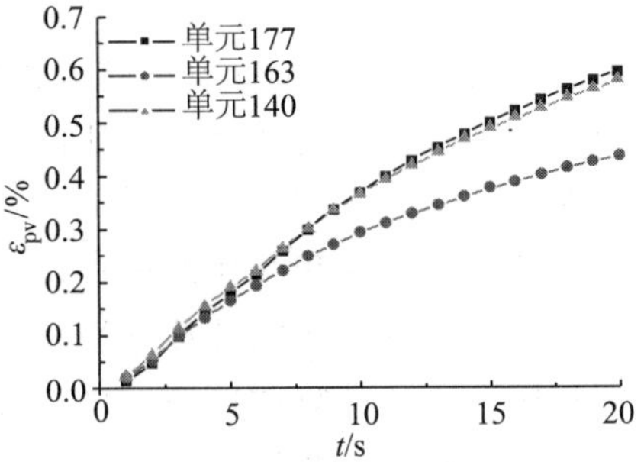

图 3.9　典型单元残余体应变发展时程

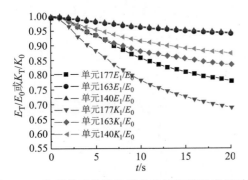

图 3.10　典型单元静弹性模量和体积模量发展时程

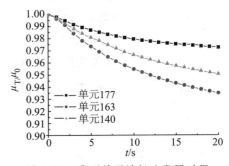

图 3.11　典型单元泊松比发展时程

表 3.14　单元 140 孔压、静弹模、体积模量与泊松比

时段/s	孔压/kPa	E_T/MPa	K_T/MPa	μ_T
0	0	13.5	26.6	0.416
4	23.1	12.8	24.0	0.412
8	37.5	11.9	21.7	0.409
12	41.6	11.3	20.1	0.407
16	44.3	10.8	19.1	0.406
20	46.4	10.5	18.3	0.405

计算结果表明,无论残余振动孔压还是残余应变均明显依赖坝体中土体所处部位。由表 3.12 可知,处于防渗体内的饱和土体单元 140 的残余振动孔压随时程逐渐增长,在 2~8s 增幅较大,随后逐渐趋于稳定,地震结束时达 46.4kPa,单元最大动剪切模量降为震前的 89.9%。如图 3.10 和图 3.11 所示,地震过程中,随着单元残余剪应变和残余体应变的增长,单元静弹性模量、体积模量的衰减程度逐渐增大,位于

上游坝壳内的单元静弹性模量和体积模量降低程度明显高于防渗体内和下游坝壳内的典型单元。地震结束时,上、下游坝壳和防渗体内各典型单元的静弹性模量分别为震前的 77.8%、94.1% 和 94.3%;体积模量分别为震前的 68.8%、83.4% 和 87.2%。

图 3.12 给出了基于等效线性分析的动力有效分析和总应力分析时单元 177 各时段内最大响应剪应变的时程变化曲线。由图可知,考虑残余振动孔压的最大响应剪应变在 4s 以前与不考虑振动孔压的计算结果完全一致,4s 后采用不排水有效应力分析的单元随着累积孔压的增大,软化现象逐渐加剧,时段内的最大响应剪应变明显大于不考虑振动孔压的计算结果,采用有效应力分析的时段内产生的残余应变明显高于总应力法的计算结果。采用总应力法得到的累积残余轴应变为 0.50%,约降低了 24%,累积残余体应变为 0.5%,约降低了 18%。因此在实际的地震永久变形计算中,如果不考虑振动孔压的软化效应,可能会导致非保守的计算结果。

图 3.13 给出了位于坝体上游侧中部节点 555 基于上述方法和传统的软化模量法的顺河向永久变形 U_x 和竖直向永久变形 U_y 的时程发展曲线。可以看出,基于两种方法得到的节点 555 的竖向沉降最大相差 13cm,占传统软化模量法计算结果的 40% 左右,顺河向永久变形差异较小,最大差异仅为 2cm。

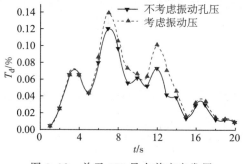

图 3.12　单元 177 最大剪应变发展

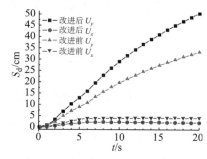

图 3.13　节点 555 永久变形发展时程

将各时段的残余变形增量线性叠加,得地震作用结束时坝体各节点的地震永久变形。坝体最大剖面的顺河向和竖直向永久变形分布情况如图 3.14 所示。为便于比较,表 3.15 给出了基于上述提出的方法、传统的等效节点力法和软化弹性模量法

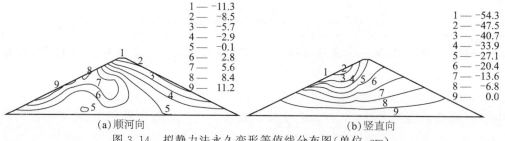

图 3.14　拟静力法永久变形等值线分布图(单位:cm)

的永久变形最大值计算结果。

表 3.15　永久变形最大值计算结果　　　　　　　　（单位：cm）

永久变形	拟静力法	等效节点力法	软化模量法	等价惯性力法
顺河向	11.3	8.7	24.1	13.9
竖直向	54.3	46.2	41.6	36.3

从图 3.14 可以看出，考虑土体模量逐步软化的拟静力整体变形法得到的最大坝体沉降为 54.3cm，发生在上游坝体中部，最大顺河向永久变形为 11.3cm，上下游基本呈对称分布；而不考虑模量软化效应的等效节点力法得到的最大竖向永久变形为 46.2cm；线性软化模量法得到的最大竖向永久变形为 41.6cm；等价惯性力法得到的最大竖向永久变形为 36.3cm。图 3.15 给出了基于上述 4 种方法的坝体变形示意图，可以看出，基于拟静力法得到的坝体变形在上下游两侧基本对称，坝体变形以沉降为主，而仅考虑静弹性模量软化的坝体变形中顺河向位移明显偏大。

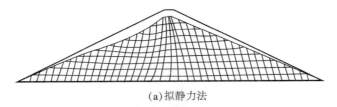

(a)拟静力法

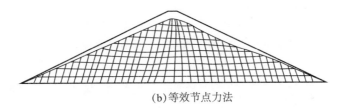

(b)等效节点力法

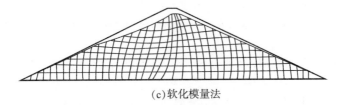

(c)软化模量法

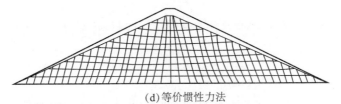

(d)等价惯性力法

图 3.15　坝体地震变形示意图

　　高土石坝在地震作用下产生的残余变形是地震惯性力效应及其引起的坝体材料软化效应综合作用的效果,两者同时存在,只是不同的时刻对永久变形的贡献程度不同。建议采用可考虑模量逐步软化的拟静力地震变形分析法评估高土石坝在设计地震动作用下的抗震性能。主要结论如下。

　　(1)考虑模量逐步软化的拟静力永久变形计算方法可同时考虑地震惯性力效应和地震引起的坝体材料模量软化效应,且可得到坝体各部分地震永久变形的发展时程。

　　(2)基于对单元弹性模量、体积模量、泊松比和最大动剪切模量的合理修正,利用数值分析方法较真实地模拟地震荷载对坝体结构的破坏机制。

　　(3)通过传统的等效节点力法、线性软化模量法和等价惯性力法计算结果的分析比较,考虑模量逐步软化的拟静力整体变形分析法可准确估算震害引起的坝体沉降变形。

参 考 文 献

[1] 迟世春,林皋,孔宪京.堆石坝残余体应变对计算面板堆石坝永久变形的影响.水力发电学报,1998,25(1):59-67.

[2] Serff N,Seed H B,Makdisi F I,et al. Earthquake Induced Deformations of Earth Dams. Berleley:University of California,1976.

[3] 中国水利水电科学研究院.四川岷江紫坪铺水库面板堆石坝坝料动力特性试验及二维、三维静、动力分析与评价.中国水利水电科学研究院研究报告,2001.

[4] 沈珠江,徐刚.堆石料的动力变形特性.水利水运科学研究,1996,(2):143-150.

[5] 中国水利水电科学研究院.高土石坝坝料及地基土动力工程性质研究.中国水利水电科学研究院"八五"国家科技攻关报告,1995.

[6] 韩国城,栾茂田.瀑布沟土质心墙堆石坝抗震分析.大连理工大学研究报告,1994.

[7] 张金库.粗粒料应力-残余应变模型及堆石坝永久变形分析.大连:大连理工大学硕士学位论文,1995.

[8] 中国水利水电科学研究院.糯扎渡水电站坝料动力特性实验研究报告.北京:中国水利水电科学研究院,2003.

[9] 中国水利水电科学研究院.长河坝水电站坝料动力特性实验研究报告.北京:中国水利水电科学研究院,2006.

[10] 汪闻韶.高土石填筑坝地震变形分析综述.全国土工建筑物及地基抗震学术讨论会论文汇编,西安,1986:443-464.

[11] Taniguchi E,Whitman R V,Marr W A. Prediction of earthquake-Induced deformation of earth dams. Soils and Foundation,1983,23(4):126-132.

[12] Kuwano J,Ishihara K,Haya H,et al. Analysis of permanent deformation of embankments caused by earthquakes. Soils and Foundation,1991,31(3):97-110.

［13］汪闻韶,金崇磐,王克成.土石坝的抗震计算和模型试验及原形观测综合报告.水利学报, 1987,(12):1-15.

［14］王玲玲,何蕴龙,费文平.水牛家心墙堆石坝地震永久变形及液化分析.岩土力学,2004, 25(1):165-168.

［15］Hyde A F L,Ward S J. A pore pressure and stability model for a silty clay under repeated loading. Geotechnique,1985,35(2):113-125.

［16］Yasuhara K,Hyde A F L. Method for estimating postcyclic secant modulus of clays. Journal of Geotechnical and Geoenvironmental Engineering,ASCE,1997,123(3):204-211.

［17］李红军,迟世春,林皋.基于模量逐步软化的拟静力永久变形计算方法的研究.大连理工大学 学报,2008,48(1):118-123.

［18］李红军,迟世春,林皋.高土石坝地震永久变形研究评述.水利学报增刊,2007,(1): 1178-1183.

第4章　高土石坝地震滑移量分析

在以往的土工建筑物抗震安全评价中,拟静力极限平衡法得到广泛应用,它将随机地震荷载等效为一静力荷载施加于整个坝体,计算坝坡的稳定安全系数,以衡量坝体的抗震安全性。该方法计算简单,可给出明确的安全储备系数,并且有长期的工程应用经验。然而,大量土石坝震害资料表明,将地震力简化为等效静力荷载计算坝坡抗震稳定性的抗震设计方法存有一定的漏洞,安全系数无法合理解释地震中一些土石坝的破坏现象,也不能定量地反映土石坝在地震中的安全或损伤程度。在地震时程中,作用在坝体上的地震惯性力大小和方向随时间发生变化,坝坡最危险滑弧以及相应的最小安全系数将随之变化。另外,在较强地震作用下土工建筑物出现瞬态失稳是可能的,但这种瞬态失稳并不一定导致结构破坏或失效。在地震荷载的往复作用下,土坡滑动体即使达到极限平衡状态,也会因为地震惯性力的减小或反向而终止。滑动体处于极限平衡状态的持续时间较短,属于瞬时变化,土体中将产生一定的损伤或变形,但只要这种变形或损伤在坝体结构承受的范围内,坝体就是安全的。1965年Newmark[1]提出了地震滑移量分析法,建议采用累积地震滑移量评价土工建筑物的抗震稳定性。引入的基本假定为:将地震对坝体的作用等效为一个大小和方向固定的拟静力惯性力;地震中坝体破坏时会形成明显的潜在滑动面,当地震荷载超过其极限抗震能力时沿着潜在的滑动面将发生刚塑性滑动,且地震作用过程中土的强度不发生明显退化。将使潜在滑动体处于临界极限平衡状态($F_s=1.0$)时所施加的拟静力水平地震加速度系数称为该滑动体的屈服加速度系数k_y。Newmark认为,当潜在滑动体在地震惯性荷载作用下所产生的滑动力超过滑动体的抗滑力时,潜在滑动体将沿着潜在滑动面发生瞬时滑动,当加速度反向且滑动体的滑动速度降至零时,滑动停止。将地震历时中所有瞬时超载产生的滑动位移进行累加,即该地震荷载作用下滑动体的永久滑移量。

目前,土石坝地震滑移量分析方法主要分为两类:一是以Newmark为代表的"解耦型"滑动位移分析法;二是以Wartman等[2]为代表提出的"耦合型"滑动位移分析法。前者将滑坡体动力反应与滑坡体塑性滑移作为两个独立的过程进行分析,两者在动力时程中的相互作用忽略不计,该法计算简便,易被广大工程人员熟悉和接受;后者则将滑坡体的塑性滑移过程耦合到动力时程反应中,进一步考虑了两者的时程耦合效应,计算原理更为合理。但建立在有限元方法基础上的滑坡体滑动位移的非线性"耦合型"计算模型,计算结果的合理性和可靠性还不能完全满足工程的设计要求,且计算参数的制定上仍存在较大的分歧。

4.1 "解耦型"地震滑移量分析

1978 年,Makdisi 和 Seed[3]根据一些土石坝观测资料,对传统的 Newmark 刚塑性滑块模型进行了改进,提出采用将整个土石坝作为弹性体的"解耦型"方法估算坝坡危险滑动体的地震滑移量,假定塑性滑动位移的发展对坝体的动力响应不产生任何影响,将坝体动力响应分析和潜在滑动体塑性滑移分析作为两个独立的步骤分别进行,克服了刚性滑动体假设的局限性,并给出了高度为 30~60m 的中小型土石坝滑坡体最大平均加速度 a_{max} 和坝顶最大加速度响应之比沿坝高分布曲线的一般范围和平均值,以及归一化滑移量参数 $U/a_{max}gT_0$ 和屈服加速度与滑坡体最大平均加速度之比 a_y/a_{max} 之间的经验关系曲线,为土石坝的抗震稳定设计提供了一定的依据。Luan 等[4]采用剪切条模型确定堤坝的地震响应特性,基于对数螺旋破坏机制确定滑动体的屈服加速度系数,在 Newmark 滑体变形分析中考虑土的强度参数、滑坡体最大深度和堤坝高度之比等因素对滑坡体的屈服加速度和平均地震加速度的影响,建立了中小型土石坝地震滑移量的经验公式。2001 年佐藤应用 Newmark 方法进行了堆石坝的滑动变形分析,考虑了粒径对应变软化特性的影响,也就是粒径对伴随剪断面剪切变形产生的软化的影响[5]。在此基础上,研究了滑动面形状和应变软化特性对滑动变形量的影响,并利用该法对高 100m 的心墙堆石坝进行数值分析,计算结果表明,按软化模型计算的变形量比不考虑软化影响时大幅增加,以往不考虑强度下降的 Newmark 滑动变形计算结果与反映实际土料特性的剪切变形量相比,存在过小的可能性。

在上述研究成果的基础上,综合考虑高土石坝结构静、动力特点及其抗震安全设计的重要性,阐述了改进的"解耦型"Newmark 滑块模型。主要内容如下。

(1)依据《水工建筑物抗震设计规范》规定的高土石坝动态加速度分布系数提出"平均屈服加速度"的概念,并结合瑞典法、简化毕肖普法、斯宾塞法和不平衡力传递系数法等常用的拟静力极限平衡法推导"平均屈服加速度系数"的解析表达式[6-13]。

(2)考虑滑动体内各条块竖向加速度在时间和空间上分布的不均匀性,将动力响应分析得到的时程竖向加速度引入平均屈服加速度的求解中,建立相应的地震滑移量估算方法。

(3)地震过程中,土的动抗剪强度随滑动面上应力状态的变化而变化,最危险滑动面位置的确定和"平均屈服加速度"的求解均应基于动强度模式进行[14]。

(4)基于动三轴试验得到的振动孔压与剪应力比之间的关系,考虑时程中累积振动孔隙水压力对滑动体"平均屈服加速度"的影响,进而确定滑动体的累积滑移量[15]。

"解耦型"Newmark 滑块位移法的计算精度主要取决于最危险滑动体位置的确

定、静、动力响应分析和屈服加速度这三个关键因素。

4.1.1　潜在滑动体的位置及其平均屈服加速度的确定

1.最危险滑裂面搜索的数学模型描述

给定坝坡剖面及土性力学参数后,如图 4.1 所示,任一圆弧滑动面可由设计变量 $X=(x_0,y_0,R)$ 唯一确定,其对应的抗滑稳定安全系数为 $S(X)$,寻找最小安全系数的优化模型表述如下:

$$\text{Minimize:} S(X)$$
$$\text{s. t. } g(X) \leqslant 0, \qquad X_L \leqslant X \leqslant X_U \tag{4.1}$$

式中,x_0、y_0 为滑动圆弧的圆心坐标;R 为滑弧半径;$g(X)$ 代表设计变量需满足的隐式约束条件,即由设计变量值确定的潜在滑动面要实际可行;X_L、X_U 为设计变量搜索域的上、下限。

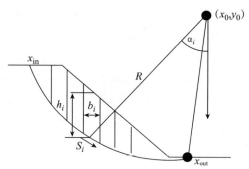

图 4.1　圆弧滑动面条分示意图

2.蚁群复合形法

蚁群系统是由意大利学者 Colorni 等[16]于 20 世纪 90 年代初提出的一种新型模拟进化算法,它模拟了自然界蚂蚁寻找食物过程中通过信息素的相互交流找到由巢穴至食物的最短路径的现象,是一种基于信息正反馈原理的优化算法。

陈凌等[17]、高尚等[18]、熊伟清等[19]针对连续变量的函数优化问题,提出利用蚁群算法求解的思路。而对于土坡最小安全系数搜索的优化模型,必须将设计向量 $X=(x_0,y_0,R)$ 离散化,才能利用蚁群算法求解,将变量 x_0 的取值区间 $[l_1,u_1]$ 划分为 N_h 个小区间,同理剩余两个变量的取值区间 $[l_2,u_2]$、$[l_3,u_3]$ 也划分成 N_h 个小区间。

蚁群复合形法是一种充分利用个体之间的信息交流与相互协作,并最终找到使目标函数达到最优的优化方法,具有很强的发现较优解的能力。

将蚁群搜寻食物的过程比拟为跨越障碍物的问题,下面以三变量问题为例说明。变量的个数 $n=3$ 比拟为障碍物的个数,将每个变量的取值范围分为 N_h 个子区间(圆圈),每个子区间代表跨越某障碍物的一条途径,所有途径的总体组成了类似矩阵的形式,当途径上有分泌物时就构成了分泌物浓度矩阵。每只蚂蚁都必须从蚂蚁巢穴出发,路经入口,根据各途径上残留的分泌物浓度来选择一条途径跨越 3 个障碍物,最后到达出口,当路经评估处时,会对这只蚂蚁跨越 3 个障碍物所选择的 3 条途径上的分泌物浓度进行修改,修改的依据是这只蚂蚁在评估处的得分,然后这只蚂蚁再返回蚂蚁巢穴等待下一次循环。形象描述如图 4.2 所示,图中为一只蚂蚁正在跨越障碍物 C。

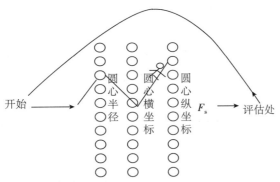

图 4.2　连续变量蚁群算法离散示意图

具体计算步骤如下。

(1)给定计算参数 Q、ρ、m、δ、T_{max}、N_h。

(2)将取值变量区间 $[l_1,u_1]$、$[l_2,u_2]$、$[l_3,u_3]$ 离散化,最大的区间宽度记为

$$\text{dis}_{max}=\max\left\{\frac{u_i-l_i}{N_h}\right\}_{i=1,2,3}。$$

(3)当 $t=0$ 时,赋 $\tau_{ij}(t)=\text{cons}$ (常数,取为 1.0), $i=1,2,\cdots,N_h$, $j=1,$ $2,\cdots,n$。

(4)对每只蚂蚁进行如下操作(以第 k 只蚂蚁为例):从入口开始,蚂蚁 k 利用随机决策或基于排序的路径选择方式翻越下一个障碍,直至到达出口;并计算蚂蚁 k 的得分 L_k(即安全系数)。

(5)m 只蚂蚁均走完,$t=t+1$,更新 $\tau_{ij}(t)$。

(6)判断 t 是否大于 T_{max},若是,则将浓度最大的路径(区间)作为新的变量取值范围,即更新 l_i、$u_i(i=1,2,3)$,否则转(4)继续计算。

(7)判断 dis_{max} 是否足够小(小于一很小的正数,如 0.001),若是,则输出浓度最大区间作为最优解,认为蚂蚁具有记忆特性,将整个爬行过程中最好的解输出停止,否则转(2)继续计算。

3. 滑动体的平均屈服加速度

在传统的 Newmark 滑块位移分析法中,通常将使滑动体处于临界极限平衡状态或抗滑稳定安全系数为 1 时所施加的水平向峰值地震加速度定义为坝体最危险滑动体的屈服加速度。该方法忽略了弹性滑动体对输入加速度的放大效应。

　　首先依据《水工建筑物抗震设计规范》中关于作用于高坝上的拟静力惯性荷载的规定,寻找使潜在滑动体达到极限平衡状态的坝底输入地震动水平向峰值加速度,即 $k_{\max}$;然后依据规范[20]规定的高土石坝动态加速度分布系数确定位于不同坝体高度处各土条的水平惯性荷载,即 Q_i;最后将各条块水平向惯性力进行线性叠加除以滑动体总质量,即为滑动体的平均屈服加速度。另外,Kim 指出传统方法中利用试算-误差法确定的屈服加速度,需要大量的迭代运算,易产生一定的误差[12,13]。

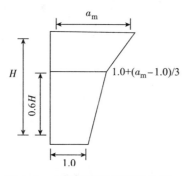

图 4.3　土石坝动态加速度分布
　　　　系数($H>40\text{m}$)

　　就高土石坝而言,坝高的增加改变了坝体振动的动力特性,降低了坝体振动的频率。与低坝相比,在坝体地震反应中,高阶振型参入量相对增大。因此,沿坝高的加速度分布系数,高坝与低坝会有所不同,《水工建筑物抗震设计规范》规定,采用图4.3 所示的动态加速度分布系数确定高土石坝地震惯性力。

　　各滑动体内土条形心处地震产生的水平惯性力 Q_i 由式(4.2)计算:

$$Q_i = k_{\max} \zeta G_{\mathrm{E}i} a_i / g \tag{4.2}$$

式中,ζ 为地震作用效应的折减系数,取 0.25;$G_{\mathrm{E}i}$ 为集中在土条形心处的重力作用标准值;a_i 为土条形心处的动态分布系数;g 重力加速度;$k_{\max}$ 为水平向设计地震加速度代表值,对应于基本烈度 7 度、8 度和 9 度分别为 $0.1g$、$0.2g$ 和 $0.4g$;土石坝坝体动态分布系数 a_{m} 对应于基本烈度 7 度、8 度和 9 度分别为 3.0、2.5 和 2.0;a_i 由图 4.3 所示的加速度分布系数图确定。

　　在滑动体平均屈服加速度的求解中,直接考虑坝体对坝底输入地震动的放大效应,采用几种常用的拟静力极限平衡分析法(LEM)直接推导坝坡滑动失稳平均屈服加速度的解析表达式。

　　1)瑞典法(Fellenius Method)[21]

　　瑞典条分法安全系数定义为滑动面上的最大抗滑力矩与倾覆力矩之比,作用在滑动体上的倾覆力矩为

$$M_{\mathrm{o}} = R \sum_{i=1}^{n} w_i \sin\alpha_i + \sum_{i=1}^{n} k_i w_i (y_{gi} - y_c) \tag{4.3}$$

$$k_i = \zeta a_i k_{\max} \tag{4.4}$$

式中,w_i 为土条自重;α_i 为第 i 土条倾角;R 为潜在滑动体滑弧半径;y_{gi} 和 y_c 分别为各土条形心和潜在滑动体滑弧圆心的竖直坐标,以向下为正;k_i 为第 i 土条水平地震加速度系数;ζ 为地震作用效应的折减系数。

　　考虑惯性力对滑动体稳定性的影响,结合莫尔-库仑准则,确定作用在滑动体上的总抗滑力矩为

$$M_r = R \sum_{i=1}^{n} [c'_i l_i + (w_i \cos\alpha_i - k_i w_i \sin\alpha_i - u_i l_i) \tan\varphi'_i] \tag{4.5}$$

式中，c'_i 为土条底部有效黏聚力；l_i 为土条底部长度；u_i 为第 i 土条底部孔压；φ'_i 为土条内摩擦角。

利用式（4.3）和式（4.5），通过滑动体整体力矩平衡，可确定潜在滑动体的安全系数，即

$$F_s = \frac{R \sum_{i=1}^{n} [c'_i l_i + (w_i \cos\alpha_i - k_i w_i \sin\alpha_i - u_i l_i) \tan\varphi'_i]}{R \sum_{i=1}^{n} w_i \sin\alpha_i + \sum_{i=1}^{n} k_i w_i (y_{gi} - y_c)} \tag{4.6}$$

将 $F_s = 1$ 代入式（4.6），得输入的最大水平地震加速度系数 $k_{\max}$，即传统的滑动体屈服加速度，见式（4.7），再由式（4.4）确定各土条的临界水平地震加速度系数 k_i，最后代入式（4.8）得滑动体的平均屈服加速度系数 k_y。

$$k_{\max} = \frac{\sum_{i=1}^{n} [c'_i l_i + (w_i \cos\alpha_i - u_i l_i) \tan\varphi'_i] - \sum_{i=1}^{n} w_i \sin\alpha_i}{\sum_{i=1}^{n} w_i a_i c_z \sin\alpha_i \tan\varphi'_i + \sum_{i=1}^{n} w_i a_i c_z \dfrac{y_{gi} - y_c}{R}} \tag{4.7}$$

$$k_y = \sum_{i=1}^{n} k_i w_i / \sum_{i=1}^{n} w_i \tag{4.8}$$

2）简化毕肖普法（Bishop Method）[22]

采用可考虑条间力的简化毕肖普法确定滑动体的平均屈服加速度，如图 4.4 所示。滑动体的安全系数由式（4.9）确定：

$$F_s = \frac{\sum_{i=1}^{n} [c'_i b_i + (w_i - u_i b_i) \tan\varphi'_i] \left(\dfrac{\sec\alpha_i}{1 + \tan\alpha_i \dfrac{\tan\varphi'_i}{F_s}} \right)}{\sum_{i=1}^{n} w_i \sin\alpha_i + \sum_{i=1}^{n} k_{\max} a_i c_z w_i \dfrac{y_{gi} - y_c}{R}} \tag{4.9}$$

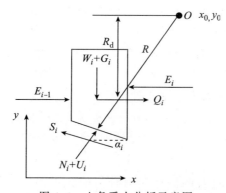

图 4.4　土条受力分析示意图

将 $F_s = 1$ 代入式(4.9)得到使滑动体处于极限平衡状态的坝底水平输入加速度系数：

$$k_{\max} = \frac{\sum_{i=1}^{n}\left\{\frac{[c'_i b_i + (w_i - u_i b_i)\tan\varphi'_i]}{1 + \tan\alpha_i \tan\varphi'_i}\sec\alpha_i\right\} - \sum_{i=1}^{n} w_i \sin\alpha_i}{\sum_{i=1}^{n} w_i a_i c_z \dfrac{y_{gi} - y_c}{R}} \quad (4.10)$$

最后由式(4.4)确定各土条的临界水平地震加速度系数 k_i，代入式(4.8)得滑动体的平均屈服加速度系数 k_y。

3)斯宾赛法(Spencer Method)[10]

斯宾赛法是 Spencer 提出的具有较高计算效率和精度的极限平衡分析法，最早的斯宾赛法假设作用在土条上的外力均作用在土条重力和条底作用力的交点，利用滑动体整体力和力矩平衡，求得潜在滑动体的抗滑稳定安全系数。Spencer 于 1973 年对条间力大小及作用位置的假设进行了改进，提出用 Z_R、Z_L、h_R 和 h_L(图 4.5)4 个未知量代替原有的仅用滑动体土条间的合力 Z 1 个未知量进行迭代求解，通过滑动体整体力和力矩平衡确定潜在滑动体的屈服加速度。

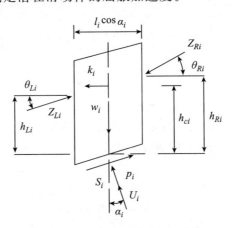

图 4.5　斯宾赛法土条受力分析图

在许多较为严密的极限平衡分析方法中，如 Morgenstern-Price 法，都把土条间的作用力的作用点和方向角作为未知量考虑，Spencer 法属于 Morgenstern-Price 的一个特例，它假设条间作用力倾角为常数，不随土条位置坐标变化而变化。通过力和力矩平衡迭代求解滑动体的安全系数。

由土条底部法向和切向力平衡条件得

$$p'_i = -Z_{Ri}\sin(\alpha_i - \theta_{Ri}) + Z_{Li}\sin(\alpha_i - \theta_{Li}) - u_i l_i + w_i \cos\alpha_i - w_i k_i \sin\alpha_i \quad (4.11)$$

$$p'_i \tan\varphi'_i / F = Z_{Ri}\cos(\alpha_i - \theta_{Ri}) - Z_{Li}\cos(\alpha_i - \theta_{Li}) + w_i \sin\alpha_i + w_i k_i \cos\alpha_i - c'_i l_i / F$$
$$(4.12)$$

式中，Z_R、Z_L 为土条条间左右两侧作用力合力的大小；θ_R、θ_L 为土条条间左右两侧作用力合力与水平方向的夹角。

将式(4.11)代入式(4.12)得土条右侧条间作用力 Z_R：

$$Z_{Ri} = 1 / \left\{ \cos(\alpha_i - \theta_{Ri}) \left[1 + \frac{\tan\varphi'_i \tan(\alpha_i - \theta_{Ri})}{F} \right] \right\} \cdot \left[Z_{Li} \cos(\alpha_i - \theta_{Li}) \cdot \left[1 + \tan(\alpha_i - \theta_{Li}) \frac{\tan\varphi'_i}{F} \right] \right.$$

$$+ w_i \cos\alpha_i \left(\frac{\tan\varphi'_i}{F} - \tan\alpha_i \right) + \frac{c'_i l_i}{F} - u_i l_i \frac{\tan\varphi'_i}{F} - w_i k_i \cos\alpha_i \left(1 + \frac{\tan\varphi'_i \tan\alpha_i}{F} \right) \tag{4.13}$$

对土条底部中点取矩，由单个土条力矩平衡得

$$Z_{Li} \cos\theta_{Li} \left[h_{Li} - \frac{b_i}{2} \tan\alpha_i \right] + Z_{Li} \frac{b_i}{2} \sin\theta_{Li} + Z_{Ri} \frac{b_i}{2} \sin\theta_{Ri}$$

$$- Z_{Ri} \cos\theta_{Ri} \cdot \left[h_{Ri} + \frac{b_i}{2} \tan\alpha_i \right] - w_i k_i h_{ci} = 0 \tag{4.14}$$

式中，h_R 和 h_L 为土条左右两侧作用力合力的作用点到土条底部中点的垂直距离；h_c 为土条重心到土条底部中点的垂直距离。

由式(4.14)得土条间右侧作用力合力的作用位置坐标 h_R：

$$h_{Ri} = \left\{ Z_{Li} \left[h_{Li} \cos\theta_{Li} - \frac{b_i}{2} (\cos\theta_{Li} \tan\alpha_i - \sin\theta_{Li}) \right] \right\} / Z_{Ri} \cos\theta_{Ri} - w_i k_i h_{ci} / Z_{Ri} \cos\theta_{Ri}$$

$$+ \frac{b_i}{2} (\tan\theta_{Ri} - \tan\alpha_i) \tag{4.15}$$

由式(4.13)和式(4.15)分别得到条间作用力合力大小和作用点坐标关于安全系数和条间两侧作用力合力方向的函数关系表达式：

$$\begin{cases} f_1(F, \theta) = Z_{Ri} \\ f_2(\theta) = h_{Ri} \end{cases} (i = 1, \cdots, n) \tag{4.16}$$

由递归关系式(4.16)和已知条件 $F_s = 1$ 确定滑动体的平均屈服角加速度，即

$$\begin{cases} f_1(k_{\max}, \theta) = Z_{Ri} \\ f_2(k_{\max}, \theta) = h_{Ri} \end{cases} (i = 1, \cdots, n) \tag{4.17}$$

$$\tan\theta = f_0 + \lambda f(x) \tag{4.18}$$

$$\int_a^b \tan\theta \mathrm{d}x = \int_a^b \tan\alpha \mathrm{d}x \tag{4.19}$$

式中，$k_{\max}$ 为基底输入的最大水平加速度系数；在 Spencer 法中，f_0 取为 0，$f(x)$ 取为 1.0；λ 为待定常数。

对于式(4.17)中的两个非线性方程，采用 Newton-Raphson 法结合滑动体两端的边界条件寻求 $k_{\max}$ 和 θ 的最优解。具体计算过程如下。

(1)首先由蚁群复合形法结合 Spencer 法搜索临界滑动体的位置，进而由滑动体两端的边界条件得 Z_{L1}^0、Z_{Rn}^0、h_{L1}^0、h_{Rn}^0，一般取零。

(2)将由瑞典法得到的 $k_{\max}^0$ 及由式(4.18)和式(4.19)确定的 λ^0 作为初值代入式(4.17)计算 $\Delta k_{\max, i}$ 和 $\Delta\theta_i$。

(3)坝底输入最大水平加速度系数和待定常数为 $k_{\max}^i = k_{\max}^{i-1} + \Delta k_{\max, i-1}$，$\theta^i = \theta^{i-1} + \Delta\theta_{i-1}$。

(4)重复上述计算步骤(2)和(3),直到$\Delta k_{\max,i} \leqslant \varepsilon, \Delta \theta_i \leqslant \varepsilon(\varepsilon = 10^{-4})$,得使滑动体处于极限平衡状态的最大水平加速度系数$k_{\max}$,通过式(4.8)确定滑动体的平均屈服加速度系数$k_y$。

4)不平衡力传递系数法(Unbalance force Method)[11]

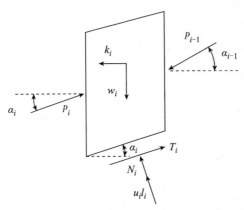

图 4.6　传递系数法条块受力示意图

传递系数法是一种常用的同时满足力和力矩平衡的边坡稳定分析方法,它通过假定土条左侧的条间力p与编号为i的土条的底面平行(图 4.6),逐条计算条间力,直到处于坡趾的条块的侧面作用力满足初始边界条件。该法的缺陷是在靠近坡顶处会导致条间力倾角过大,不满足物理合理性条件,可能导致较大的误差。

传递系数法根据安全系数的求解方法不同又分为隐式解法和显式解法。当且仅当滑动体处于极限平衡状态时,两者是通解的。因此,采用显式传递系数法求解滑动体平均屈服加速度系数,既保证了计算精度又可提高计算效率。具体求解过程如下。

显式传递系数法滑动体安全系数的解析表达式为

$$F_s = \frac{\sum\limits_{i=1}^{n} [(w_i\cos\alpha_i - u_i l_i - k_{\max}w_i a_i c_z \sin\alpha_i) \tan\varphi'_i + c_i l_i] \prod\limits_{j=i}^{n} \varphi_j}{\sum\limits_{i=1}^{n} (w_i\sin\alpha_i + k_{\max}w_i a_i c_z \cos\alpha_i) \prod\limits_{j=i}^{n} \varphi_j} \qquad (4.20)$$

$$\varphi_{i-1} = \cos(\alpha_{i-1} - \alpha_i) - \tan\varphi'_i \sin(\alpha_{i-1} - \alpha_i) \qquad (4.21)$$

$$k_{\max} = \frac{\sum\limits_{i=1}^{n} [w_i(\cos\alpha_i \tan\varphi_i - \sin\alpha_i) - u_i l_i \tan\varphi'_i + c_i l_i] \prod\limits_{j=i}^{n} \varphi_j}{\sum\limits_{i=1}^{n} [w_i a_i c_z(\cos\alpha_i + \sin\alpha_i \tan\varphi'_i)] \prod\limits_{j=i}^{n} \varphi_j} \qquad (4.22)$$

$$\prod\limits_{j=i}^{n} \varphi_j = \varphi_i \cdot \varphi_{i+1} \cdots \varphi_{n-1} \cdot \varphi_n \qquad (4.23)$$

最后由式(4.4)确定各土条的临界水平地震加速度系数k_i,代入式(4.8)得滑动体的平均屈服加速度系数k_y。

4.算例验证和结论

1)均质土坡[23]

采用国际上通用的考题之一,坡度为 1:2,坡高 20m,土性材料参数为$c = 3.0\text{kN/m}^2$,为进一步明确内摩擦角对各计算方法的影响,本次计算中φ取 19.60°~ 39.60°,$\gamma = 20.0\text{kN/m}^2$。$X_{0L} = 20.0, X_{0U} = 50.0, Y_{0L} = 36.0, Y_{0U} = 100.0, R_L =$

$40.0, R_U = 400.0$。采用蚁群复合形法结合瑞典法、毕肖普法、斯宾赛法和传递系数法求解得到的最小安全系数分别为 0.994、1.0、1.014、1.004，其对应的临界滑动面如图 4.7 所示。其中瑞典条分法结果最小，斯宾赛法结果最大，ACADS 提供的使用毕肖普法计算安全系数的"裁判答案"为 1.00，而采用蚁群复合形法结合毕肖普法搜索的最小安全系数和临界滑动面位置均与所给"裁判答案"相同，验证了计算方法的准确性。为比较上述四种求解屈服加速度系数方法的差异，将此均质土坡 2 号临界滑动面作为标准计算滑动面，计算相应的屈服加速度系数，计算结果如表 4.1 和图 4.8 所示。计算结果表明，不同的计算方法得到的屈服加速度系数差异较大，其中瑞典法给出的结果最小，斯宾赛法的计算结果最大。当材料内摩擦角较小时，这种差异不明显，但随着材料内摩擦角的增加，这种差异有放大的趋势，最大差值达到 0.05m/s^2。而毕肖普法和传递系数法的差别始终较小，最大仅为 0.012m/s^2，与安全系数的比较结果较为一致。

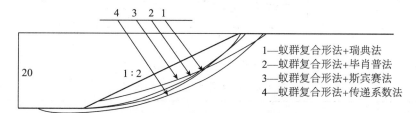

图 4.7　均质土坡临界滑动面

表 4.1　均质土坡平均屈服加速度系数

方法	内摩擦角/(°)					
	19.6	23.6	27.6	31.6	35.6	39.6
瑞典法	0.0	0.05	0.122	0.193	0.263	0.336
毕肖普法	0.0	0.069	0.143	0.217	0.291	0.367
斯宾赛法	0.016	0.081	0.156	0.230	0.306	0.386
传递系数法	0.001	0.066	0.139	0.211	0.284	0.361

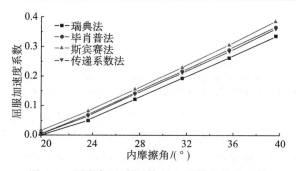

图 4.8　屈服加速度系数与内摩擦角关系曲线

2)非均质土坡[23]

采用国际上通用的另一考题,其剖面如图4.9所示,材料参数如表4.2所示,利用该算例考察滑弧位置和材料的不均匀性对滑动体平均屈服加速度系数和累积滑移量的影响。结合蚁群复合形法和瑞典法、毕肖普法、斯宾赛法和传递系数法等极限平衡法得到的最小安全系数如表4.3所示,其对应的临界滑动面如图4.9所示。在永久变形计算中,采用了如图4.10所示的人工波作为水平输入地震动。

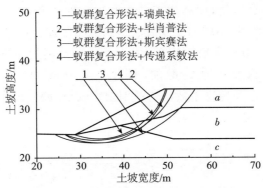

图4.9　非均质土坡临界滑动面比较

表4.2　非均质土坡材料参数

层次	$\gamma/(kN/m^3)$	c/kPa	$\varphi/(°)$
a	19.5	0.6	38.0
b	19.5	5.3	23.0
c	19.5	7.2	20.0

表4.3　非均质土坡计算结果

项目	计算方法			
	瑞典法	毕肖普法	斯宾赛法	传递系数法
F_s	1.216	1.385	1.402	1.386
k_y(改进前)	0.261	0.375	0.501	0.378
滑移量/cm	12.56	1.0	0.0	0.9
k_{max}(改进后)	0.260	0.372	0.504	0.378
k_y(改进后)	0.088	0.126	0.170	0.128
滑移量/cm	64.58	37.36	19.57	36.34

文献[6]给出的各种计算方法的结果介于1.28~1.52,ACADS提供的使用毕肖普法计算的安全系数的"裁判答案"为1.39。从表4.3的安全系数以及图4.9中临界滑动面的位置可以看出,除瑞典法的安全系数偏小,其余方法所得计算结果均在参考答案范围之内,验证了所采用极限平衡法的正确性。另外,从改进前后的各种屈服加速度系数的计算结果可以看出,不同的计算方法得出的屈服加速度系数与最小安

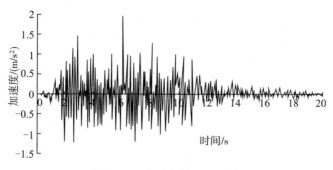

图 4.10　水平向输入地震波

全系数成正比,其中斯宾赛法最大,瑞典法最小。表 4.3 列出了改进前的 k_y 和改进后的 k_{max}、k_y 以及地震滑移量。计算结果表明,在传统的 Newmark 滑动体位移法中,以使滑动体处于极限平衡状态的水平输入峰值加速度作为滑动体的屈服加速度,将导致非保守的评价结果。而基于"平均屈服加速度"概念的地震滑移量分别为:64.58cm(瑞典法)、37.36cm(毕肖普法)、19.57cm(斯宾赛法)、36.34cm(传递系数法),相对于改进前最大差异超过一个量级。计算结果表明,该屈服加速度求解方法不仅提高了时程抗滑稳定分析的计算效率,而且可保证足够的精度,合理地反映了弹性滑动体在地震动作用下动力响应的特点,从而使坝坡的抗震稳定评价更趋于合理性。另外,从两个国际算例的安全系数以及临界滑动面位置的结果可以看出,采用由蚁群复合形法结合常用的极限平衡分析法搜索临界滑动体位置的方法可以满足精度要求,其中毕肖普法由于简便实用,且无需迭代,计算精度也可满足工程要求。因此,下面均选用简化毕肖普法来确定临界滑动面的位置及其平均屈服加速度。

4.1.2　"解耦型"Newmark 滑块位移法

1978 年 Makdisi 指出应采用"解耦型"Newmark 滑块位移法计算土石坝等弹性介质构成的土工建筑物的滑动变形,该法假定塑性滑动位移的发展对结构的动力响应不产生任何影响,将结构动力响应分析和潜在滑动体塑性滑移分析作为两个相互独立的步骤分别进行(两者是解耦的),克服了刚体假设的局限性,且可考虑弹性介质对基底输入地震动的非线性放大效应。然而由高土石坝动力模型试验和动力响应分析结果可知,在动力荷载作用下,高土石坝结构中土体单元的动强度、结构的竖向加速度响应以及土体单元中振动孔隙水压力的累积造成的土体软化均明显有别于以往的土工建筑物,因此,在高土石坝失稳坝坡地震滑移量分析中,合理考虑上述关键影响因素具有十分重要的意义。

1.考虑时程竖向加速度影响的 Newmark 滑块位移法

最近的一些震害资料表明,地震时程中土工建筑物不仅承受水平向的地震破坏荷载,竖向地震破坏荷载的作用同样举足轻重,特别是近震断层附近的竖向地震荷载有时甚至会超过水平地震荷载,如 1989 年 Loma Prieta 地震、1994 年 Northridge 地震、1995 年 Hanshin 地震和 1999 年集集地震,其竖向地震荷载都占了较大比重。另外,滑动体内各土条的竖向惯性力 G_i 在空间和时间上的分布呈现明显的不均匀性,如图 4.11 所示。

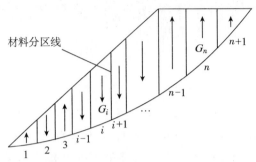

图 4.11　竖向地震惯性力分布示意图

传统的"解耦型"Newmark 滑块位移法一般假定各土条的竖向惯性力 G_i 恒定向上或向下,且在地震时程中保持不变,将所得变形结果作为结构的地震累积滑移变形,计算结果存在一定的不确定性。

采用可考虑动力特性参数围压依赖性的等效线性分析模型进行高土石坝地震动力响应分析。依据 Makdisi 等[3] 提出的"解耦型"滑块位移法,利用其动力响应分析的结果确定作用于潜在滑动体上的等效平均角加速度时程。潜在滑动体的平均地震反应角加速度由式(4.24)确定:

$$A_{\text{ave}} = \frac{F_h(t)}{W} \frac{(y_g - y_c)}{R_g^2} \tag{4.24}$$

式中,W 为滑动体的总质量;y_g 和 y_c 分别为滑动体重心和滑弧圆心的竖直坐标;R_g 为滑动体重心到圆心的距离;$F_h(t)$ 为某一时刻作用于潜在滑动体上各单元的动应力所形成的水平荷载沿潜在滑动面上的总和,即

$$F_h(t) = \sum_{i=1}^{n} \left[\tau_{xy,i}(t)h_i + \sigma_{x,i}(t)d_i \right] \tag{4.25}$$

其中,n 为潜在滑动面上包含的单元总数;$\tau_{xy,i}$ 和 $\sigma_{x,i}$ 为潜在滑动面上单元的两个正交面上的法向应力与剪应力;h_i 和 d_i 分别为单元的宽度和竖向高度,如图 4.12 所示。

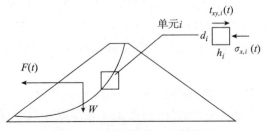

图 4.12　堤坝及其潜在滑动面

由图 4.11 可知,在地震时程中,滑动体内各土条的竖向惯性力在空间和时间上呈现一定的不均匀性。首先依据材料分区对潜在滑动体进行不均匀竖向条分,进而利用单元、节点信息确定各土条形心及所属节点和单元信息,通过质量加权平均确定土条 i 各时刻的平均竖向惯性力的大小和作用方向[24]。

基于式(4.26)将滑动体内各土条的时程竖向惯性力引入滑动体平均水平屈服加速度的求解中,进而将其转化为沿圆弧滑动方向的平均屈服角加速度 A_c:

$$k_{max} = \frac{\sum\limits_{i=1}^{n} \frac{1.0}{m_{a_i}} \times \{ [(W_i \pm G_i) - u_i l_i \cos\alpha_i] \tan\varphi_i' + c_i l_i \cos\alpha_i \} - \sum\limits_{i=1}^{n} (W_i \pm G_i) \sin\alpha_i}{\sum\limits_{i=1}^{n} W_i a_i c_z g \frac{R_g^i}{R}}$$

(4.26)

其中,G_i 为各时刻作用在该土条上的平均时程竖向惯性力,其他如式(4.10)。

$$A_c(t) = k_y(t)(y_g - y_c)/R_g^2 \tag{4.27}$$

基于上述计算分析得到滑动体的时程平均角加速度和平均屈服角加速度,比较各瞬时它们的大小,当平均角加速度小于平均屈服角加速度时,潜在滑动体与坝体其余部分相对静止;当平均角加速度大于等于平均屈服角加速度时,认为滑动体处于极限平衡状态或将发生滑动位移,进而基于 Newmark 滑块模型估算潜在滑动体的地震滑移量。

对于圆弧的滑动失稳模式,潜在滑动体的运动平衡方程为

$$I\ddot{\theta}(t) = M_d(t) - M_t(t) \tag{4.28}$$

$$M_d(t) = A_{ave}(t)WR_g^2 \tag{4.29}$$

$$M_t(t) = A_c(t)WR_g^2 \tag{4.30}$$

式中,I 为滑动体的转动惯量;$\ddot{\theta}(t)$ 为滑动体失稳后有效滑动角加速度;$M_d(t)$ 和 $M_t(t)$ 为作用在滑动体上的失稳力矩和抗滑力矩。把式(4.29)式和式(4.30)代入式(4.28)得到滑动体的角加速度为

$$\ddot{\theta}(t) = [A_{ave}(t) - A_c(t)]g \tag{4.31}$$

$$\theta = \iint \ddot{\theta} dt \tag{4.32}$$

将式(4.31)进行关于时间的二次积分,得到滑动体相对于圆心的转角,将所得有效转角乘以滑弧半径得到潜在滑动体在设计地震动作用下的累积滑移量。

2. 考虑动强度影响的 Newmark 滑块位移法

传统的 Newmark 滑块模型中屈服加速度多基于静力抗剪强度模式的拟静力极限平衡分析求解,忽略了地震荷载对筑坝材料抗剪强度的影响。近年来,随着土的动强度试验和分析技术迅速发展,使得在现阶段高土石坝抗震设计中,采用基于动强度模式的"解耦型"Newmark 滑块位移法估算其抗震性能成为可能。目前,采用动强度

模式的拟静力极限平衡分析主要有两类:一是 Seed[14] 提出的建立在静力总应力法基础上的动强度模式;二是汪闻韶[25] 提出的水科院动强度模式。

地震过程中,由于地震对土体的振动松弛作用,坝体土料颗粒之间的咬合作用降低,坝坡土料的强度特性是变化的。动强度以动剪应力比 $\Delta\tau/\sigma_0'$ 与破坏振次 N_f 的关系曲线表示(以 5% 轴向应变作为破坏标准),根据不同初始固结应力状态下的动强度曲线 $\Delta\tau/\sigma_0'$-N_f,以初始剪应力比 $\Delta\tau_{f0}/\sigma_0'$ 为参数,Seed 指出在等效均匀剪应力(取 $0.65\tau_{max}$)作用下,可整理出给定震级 M 所对应的等效破坏振次 N_f 时潜在破坏面上的地震总应力抗剪强度 τ_{fs} 与初始法向应力 σ_{f0}' 的关系。其参数如表 4.4 所示,相应的计算公式如下:

$$\sigma_{f0}' = \sigma_0' \pm \tau_0' \sin\varphi' \tag{4.33}$$

$$\tau_{f0} = \tau_0 \cos\varphi' \tag{4.34}$$

$$\alpha = \tau_{f0} / \sigma_{f0}' \tag{4.35}$$

$$\begin{cases} (\Delta\tau_f)_n = c_r\,(\Delta\tau/\sigma_0')_n\,\sigma_0', & \alpha < 0.15 \\ (\Delta\tau_f)_n = (\Delta\tau/\sigma_0')_n\,\sigma_0'\,\cos\varphi', & \alpha > 0.15 \end{cases} \tag{4.36}$$

$$\tau_{fs} = (\Delta\tau_f)_n \pm \tau_{f0} \tag{4.37}$$

$$\tau_{fs} = (\tau_{fs0})_a + \tan\varphi_{da}\,\sigma_{f0}' \tag{4.38}$$

$$(\tau_{fs0})_a = \tau_{fs0} + \zeta\alpha \tag{4.39}$$

$$\tan\varphi_{da} = \tan\varphi_{d0} + \beta\alpha \tag{4.40}$$

式中,σ_1' 和 σ_3' 分别为试样固结时的大、小主应力;$\Delta\sigma$ 为轴向动应力幅值;σ_0' 为 45° 面上的初始法向应力,$\sigma_0' = (\sigma_1' + \sigma_3')/2$;$\tau_0$ 为试样 45° 剪切面上的初始剪应力 $\tau_0 = (\sigma_1' - \sigma_3')/2$;$c_r$ 为修正系数;τ_{f0}、$\Delta\tau_f$、σ_{f0}' 分别为试样潜在破坏面上的初始剪应力、动剪应力、法向应力;N_f 为振动破坏周次;τ_{fs0} 和 $\tan\varphi_{d0}$ 分别为 $\alpha = 0$ 时的地震总应力抗剪强度指标;ζ 和 β 均为比例系数,均由动强度试验结果确定。

表 4.4　反滤料和心墙料抗剪强度参数

土料	N/次	σ_{f0}'/kPa	τ_{fs0}/kPa	$\tan\varphi_{d0}$	ζ/kPa	β
反滤料	12	0~250	0.00	0.253	0.0	1.621
		250~1030	8.05	0.193	107.8	1.250
	20	0~250	0.00	0.209	0.0	1.604
		250~1030	4.19	0.169	102.7	1.242
心墙掺砾料	12	290~1159	83.67	0.333	92.9	0.417
	20	290~1159	83.01	0.320	91.6	0.410
心墙混合料	12	290~1159	83.67	0.333	92.9	0.417
	20	290~1159	83.01	0.320	91.6	0.410

1)Seed 动强度模式[26]

Seed 认为,在拟静力条分法中,考虑动强度的条块所能产生的抗滑力矩与震前该条块底部的法向应力有关,而与震时条块底部的法向压力无关,即滑动体的平均屈服角加速度仅与坝体震前的有效应力有关,且在地震时程中恒定不变。滑动体平均屈服角加速度可由拟静力条分法或拟静力有限元法确定。拟静力条分法的具体计算步骤如下:首先在不考虑地震力的条件下通过简化毕肖普法进行稳定分析,确定震前各土条底部的法向压力 σ'_0 和倾角 α_i,结合室内动三轴试验结果和式(4.38)~式(4.40)确定各土条所能发挥的动强度,并由条分法(式(4.41))或有限元法(式(4.42)),结合式(4.27)确定在地震反应过程中潜在滑动体的平均屈服角加速度:

$$k_{\max}(t)=\frac{\sum\limits_{i=1}^{n-m}\left[\dfrac{\{c_il_i\cos\alpha_i+(w_i-u_il_i\cos\alpha_i)\tan\varphi_i\}\sec\alpha_i}{1+\tan\alpha_i\tan\varphi_i}\right]+\sum\limits_{j=1}^{m-p}\tau_{fs}^jl_j+\sum\limits_{k=1}^{p}c_kl_k-\sum\limits_{i=1}^{n}w_i\sin\alpha_i}{\sum\limits_{i=1}^{n}w_ia_ic_zR_{di}}$$

(4.41)

$$k_{\max}(t)=\frac{\sum\limits_{i=1}^{n-m}(c_i+\sigma_{ni}\tan\varphi_i)l_i+\sum\limits_{j=1}^{m-p}\tau_{fs}^jl_j+\sum\limits_{k=1}^{p}c_kl_k-\sum\limits_{i=1}^{n}w_i\sin\alpha_i}{\sum\limits_{i=1}^{n}w_ia_ic_zR_{di}}$$

(4.42)

式中,n、m、p 分别为土条总数、考虑动强度土条数和液化土条数;τ_{fs}^i 为土条动抗剪强度。

2)水科院动强度模式[26]

以水科院汪闻韶为代表的研究人员认为,各土条在地震中所发挥的抗剪强度不包括初始剪应力比为 α 时的地震总应力抗剪强度中的黏聚力,即在滑动体平均屈服角加速度计算中将需要考虑动强度的条块的黏聚力 c_d 取为 0、静摩擦角 φ 换成地震总应力抗剪强度指标中的内摩擦系数 $\varphi_{d\delta}$,并采用地震时程中条块底部的法向动应力计算各条块所能产生的抗滑力矩。计算中,首先利用条分法(如式(4.43))或有限元法(如式(4.44))计算时程中任一时刻所需最大输入加速度系数,最后由式(4.27)确定此时刻对应的滑动体平均屈服角加速度:

$$k_{\max}(t)=\frac{\sum\limits_{i=1}^{n-m}\left[\dfrac{\{c_il_i\cos\alpha_i+(w_i-u_il_i\cos\alpha_i)\tan\varphi'_i\}\sec\alpha_i}{1+\tan\alpha_i\tan\varphi'_i}\right]}{\sum\limits_{i=1}^{n}w_ia_ic_zR_{di}}$$

$$+\frac{\sum\limits_{j=1}^{m-p}\left[\dfrac{\{c_jl_j\cos\alpha_i+(w_j-u_jl_j\cos\alpha_j)\tan\varphi_{d\delta}^j\}\sec\alpha_j}{1+\tan\alpha_j\tan\varphi_{d\delta}^j}\right]}{\sum\limits_{i=1}^{n}w_ia_ic_zR_{di}}+\frac{\sum\limits_{k=1}^{p}c_kl_k-\sum\limits_{i=1}^{n}w_i\sin\alpha_i}{\sum\limits_{i=1}^{n}w_ia_ic_zR_{di}}$$

(4.43)

$$k_{\max}(t) = \frac{\sum\limits_{i=1}^{n-m}(c_i + \sigma_{ni}\tan\varphi'_i)l_i + \sum\limits_{j=1}^{m-p}(c_j + \sigma_{dn}^j\tan\varphi_{d\delta}^j)l_j + \sum\limits_{k=1}^{p}c_k l_k - \sum\limits_{i=1}^{n}w_i\sin\alpha_i}{\sum\limits_{i=1}^{n}w_i a_i c_z R_{di}}$$

(4.44)

$$\sigma_n = \frac{\sigma_x + \sigma_y}{2} + \frac{\sigma_y - \sigma_x}{2}\cos2\alpha - \tau_{xy}\sin2\alpha \qquad (4.45)$$

利用式(4.43)或式(4.44)确定滑动体的平均角加速度时程和屈服角加速度时程,比较各瞬时它们的大小,当平均角加速度小于屈服角加速度时,潜在滑动体处于相对静止状态;当平均角加速度大于等于屈服角加速度时,认为滑动体处于极限平衡状态或发生滑动位移。采用式(4.28)~式(4.32)估算潜在滑动体的滑移量。

3. 考虑振动孔隙水压力影响的 Newmark 滑块位移法

地震过程中,土体单元的振动孔隙水压力逐渐累积,土体有效应力降低,将对坝坡抗震稳定性及超载所引起的滑动变形产生一定程度的影响,有时甚至是大坝失稳的关键因素,因此在高土石坝抗震稳定性分析中考虑振动孔隙水压力对平均屈服加速度和滑动变形的影响具有重要的意义。在高土石坝筑坝材料中,粗粒土堆石料粒径较大,地震过程中的振动孔隙水压力完全消散,对材料强度的影响甚微,而对于压实紧密的心墙料和反滤料,由于颗粒较细,在地震荷载作用下振动孔隙水压力来不及排出,强度发生退化,影响土石坝坝坡的抗震稳定性和安全性。针对高土石坝筑坝材料的特点及结构的重要性,依据中国水利水电科学研究院关于心墙料和反滤料在不同固结比、固结压力、动剪应力比和振次下材料的动孔隙水压力发展趋势的室内试验结果,综合考虑了地震时程中振动孔隙水压力累积效应对滑动体平均屈服加速度和滑动变形的影响[27]。

动孔隙水压力增长过程的试验结果通常以固结压力 σ'_0、动剪应力比 $\Delta\tau/\sigma'_0$ 为参数的 $\Delta u/\sigma'_0$-N 关系曲线表示,试验结果表明,当初始固结压力一定时,动孔压比与动剪应力比成正比,并随着振次的增加趋于稳定;当初始固结压力和动剪应力比一定时,动孔压比与固结比成反比。

表 4.5 给出了糯扎渡高土石坝工程心墙料和反滤料在各种围压条件下和不同动剪应力作用下动孔压比在振次为 12 次和 20 次时的试验结果。对动孔压比和动剪应力比进行了线性拟合,心墙料和反滤料在不同初始固结应力、固结比和振次的线性插值因子如表 4.6 所示,最后结合初始固结应力、固结比和振次进行三参数插值得到上述土料任一时刻的振动孔隙水压力结果。

表 4.5　筑坝材料动孔压参数

土料	σ_3' /kPa	k_c	$\Delta\tau/\sigma_0'$	12 次 $\Delta u/\sigma_0'$	20 次 $\Delta u/\sigma_0'$
反滤料	200	1.5	0.329	0.57	0.66
			0.384	0.78	0.78
			0.438	0.762	0.78
		2.5	0.407	0.403	0.429
			0.470	0.527	0.536
			0.548	0.514	
	800	1.5	0.22	0.645	0.718
			0.253	0.8	0.8
		2.5	0.267	0.348	0.354
			0.313	0.392	0.394
	1000	2.5	0.251	0.353	0.358
			0.314	0.393	0.397
心墙掺砾料	200	1.5	0.680	0.698	0.732
			0.712	0.750	0.786
			0.735	0.782	0.798
		2.5	0.548	0.527	0.547
			0.627	0.501	
	800	1.5	0.329	0.565	0.661
			0.385	0.730	0.780
		2.5	0.180	0.149	0.178
			0.235	0.303	0.327
心墙混合料	200	1.5	0.604	0.665	0.711
			0.663	0.787	0.800
		2.5	0.406	0.356	0.353
			0.483	0.446	0.417
	800	1.5	0.296	0.394	0.466
			0.327	0.491	0.550
			0.355	0.434	
		2.5	0.127	0.050	0.067
			0.152	0.111	0.137
			0.186	0.129	

表 4.6　动孔压插值参数

土料	σ_3' /kPa	k_c	A	B
反滤料	200	1.5	1.7678	0.0257
		2.5	0.7499	0.1251
	800	1.5	1.1741	0.4345
		2.5	0.7731	0.1449
心墙掺砾料	200	1.5	1.53342	−0.34386
		2.5	−0.00798	0.52362
	800	1.5	1.75922	0.01207
		2.5	2.0016	−0.19506
心墙混合料	200	1.5	2.0678	−0.58395
		2.5	1.0324	−0.04292
	800	1.5	0.72158	0.20443
		2.5	1.2919	−0.10358

计算步骤如下。

(1)在动强度的基础上,利用蚁群复合形法和简化毕肖普法确定高土石坝坝坡的临界滑动面的位置。

(2)在静力有限元分析的基础上,确定坝体各单元的震前平均应力。

(3)将地震历时分为若干时段,利用等效动力响应分析确定任一时段内各单元的最大动剪应力,由固结应力和固结比以及插值因子 A、B 进行三参数插值,确定该时段各单元的动孔压增量 Δu_d。

(4)将求得的动孔压 u_d 与静孔压 u 叠加代入式(4.26),利用式(4.46)和式(4.27)确定振动孔压影响下的滑动体的平均屈服角加速度时程。

(5)利用式(4.25)确定临界滑动体的平均滑动角加速度时程。

(6)比较滑动体的平均滑动角加速度和平均屈服角加速度时程,利用式(4.31)和式(4.32)确定滑动体在设计地震动作用下的地震滑移量。

$$k_{max} = \dfrac{\sum\limits_{i=1}^{n} \dfrac{1.0}{m_{a_i}} \times \left\{ \left[(W_i \pm G_i) - (u_i + u_d) l_i \cos\alpha_i \right] \tan\varphi_i' + c_i l_i \cos\alpha_i \right\} - \sum\limits_{i=1}^{n} (W_i \pm G_i) \sin\alpha_i}{\sum\limits_{i=1}^{n} W_i a_i c_z g \dfrac{R_d^i}{R}}$$

$$(4.46)$$

4.1.3　验证与分析

1. 算例 1[24]

糯扎渡心墙土石坝,位于云南省澜沧江中下游河段,最大坝高 261.5m,上、下游坝坡比为 1:1.9,设防烈度为 8 度,基岩水平向峰值加速度为 0.283g,输入加速度时程如图 4.13 所示。

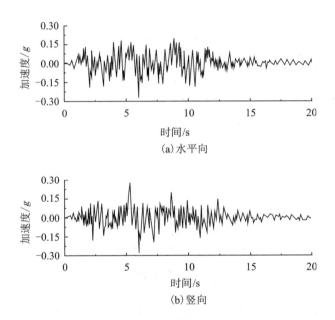

图 4.13　地震输入时程

二维有限元计算模型如图 4.14 所示,坝体共有 2109 个单元和 2134 个节点。静力分析采用 Duncan-Chang 建议的非线性弹性本构模型,其模型参数如表 4.7 所示。动力分析采用改进的等效线性分析模型,其模型参数如表 4.8 所示。坝体上、下游最危险圆弧滑动面的位置如图 4.15 所示。

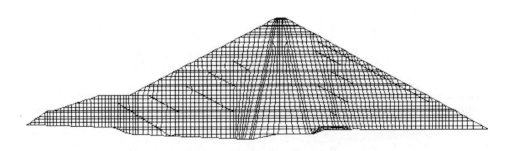

图 4.14　坝体剖面及网格剖分

表 4.7　静力计算参数(E-B 模型)

土料名称	填筑密度 /(g/cm³)	φ/(°)	$\Delta\varphi$/(°)	R_f	k	n	k_b	m
硬岩料	1.995	54.37	10.47	0.719	1491	0.241	683	0.101
软岩料	2.109	51.36	9.58	0.706	1400	0.175	474	0.145
细堆石料	2.035	50.54	6.73	0.692	1100	0.280	530	0.120
反滤料	1.958	50.95	7.97	0.66	1020	0.27	480	0.24
心墙掺砾料	2.156	39.47	9.72	0.755	388	0.311	206	0.257
心墙混合料	2.017	36.69	9.92	0.783	264	0.49	134	0.4

表 4.8　动力计算参数

土料	k_c	k	n
硬岩料		2455.6	0.6
软岩料		2216.3	0.6
细堆石料	2.0	1303	0.61
反滤料		976	0.498
心墙掺砾料		1851	0.441
心墙混合料		1514	0.326

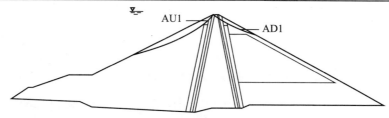

图 4.15　最危险滑动面

　　对于给定的上、下游临界滑动体 AU1 和 AD1,利用可考虑时程竖向加速度影响的 Newmark 滑块位移法得到的平均屈服角加速度时程曲线,如图 4.16 所示。

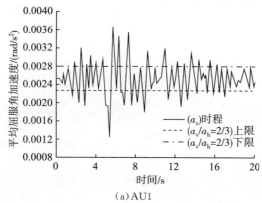

(a)AU1

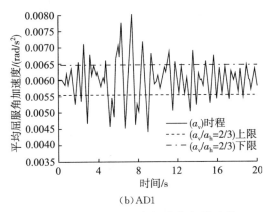

（b）AD1

图 4.16　平均屈服角加速度发展时程

如图 4.16 所示，虚线表示的假定滑动体竖向加速度恒定向上和点划线表示的假定滑动体竖向加速度恒定向下得到的滑动体平均屈服角加速度在整个地震时程中保持不变，即传统意义上的屈服加速度的"上限"和"下限"。实线表示的是基于时程竖向加速度计算得到的滑动体平均屈服角加速度时程。从图中可以看出，在整个地震时程中，除了地震的开始和结束阶段，滑动体的平均屈服角加速度在时程竖向加速度的影响下波动剧烈，多次超越传统意义上的"上限"和"下限"。以 AU1 为例，地震时程中滑动体的最小平均屈服加速度为 0.0012rad/s^2，而"下限"为 0.0022rad/s^2；最大平均屈服加速度为 0.0033rad/s^2，而"上限"为 0.0027rad/s^2。由此可见，简单地假定竖向加速度恒定向上或向下并不能完全包络滑动体平均屈服角加速度的变化区间，并且该法可将滑动体的屈服角加速度与建筑物的实际动力反应相联系，更符合实际情况，客观上反映了坝体在整个地震历程中的抗震能力变化情况。

表 4.9 和图 4.17 给出了 Newmark 刚塑性滑块模型在三种屈服角加速度计算模式下滑弧 AU1 和 AD1 的在设计地震动作用下的累积滑移量和滑移量时程发展曲线。

表 4.9　坝坡滑移量

滑弧	屈服角加速度计算模式		
	a_v（下限）	a_v（时程）	a_v（上限）
AU1	87.8	106.7	132.3
AD1	20.6	24.0	33.7

由表 4.9 和图 4.17 可知，基于不同竖向加速度的计算模式得到的 Newmark 滑移量结果有较大差异。基于时程屈服加速度模式得到的时程滑移量始终介于假定竖向加速度恒定向下和向上的累积滑移量之间，累积滑移量结果：a_v（时程）相对于 a_v（上限）最大降低了 23.9%，发生在坝体上游坝坡；a_v（时程）相对于 a_v（下限）最大升高了 21.5%，同样发生在坝体上游坝坡。

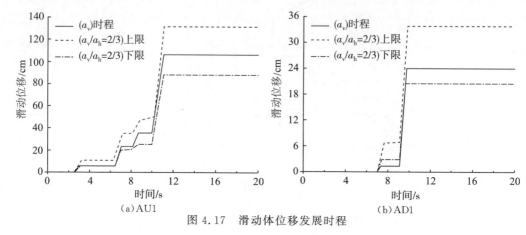

图 4.17　滑动体位移发展时程

另外,对滑动体平均屈服角加速度和滑动位移关于滑动体条分时所采用的弧度增量 $\Delta\alpha$ 的敏感性进行了研究,计算结果如表 4.10 所示。结果表明,$\Delta\alpha$ 的选择对计算结果的影响较大,$\Delta\alpha$ 太大将造成较大的计算误差,$\Delta\alpha$ 太小将造成迭代次数和求解时间增加。因此,针对不同的圆弧,需合理选择划分弧度增量 $\Delta\alpha$。上游滑弧 AU1 的弧长为 246.95m,当划分弧度增量对应的弧长为整体弧长的 10% 左右时,计算结果趋于稳定,如 $\Delta\alpha=0.05$ 时,对应的滑动位移为 109.8cm,与最终计算结果的误差仅为 2%,基本满足要求。下游滑弧弧长为 126.18m,当划分弧度增量 $\Delta\alpha=0.02$ 时,对应的弧长增量约为下游弧长的 10%,滑动位移为 28.1cm,与最终计算结果的较为一致。

表 4.10　不同 $\Delta\alpha$ 下滑动体平均屈服角加速度和累积滑动位移

$\Delta\alpha$	AU1		AD1	
	$A_{cmin}/(10^{-3}\,rad/s^2)$	s/cm	$A_{cmin}/(10^{-3}\,rad/s^2)$	s/cm
0.5	0.061	177.7	—	—
0.2	1.003	141.7	2.276	105.096
0.1	1.165	114.7	2.529	95.0
0.05	1.182	109.8	2.342	113.3
0.02	1.178	107.2	4.178	28.1
0.01	1.188	106.3	4.494	21.8
0.008	1.185	106.3	4.439	22.9
0.005	1.187	106.7	4.432	24.0

注:A_{cmin} 为最小平均屈服角加速度

2.算例 2[26]

由图 4.15 可知,上、下游临界滑弧大部分位于主堆石料区,动强度和振动孔隙水压力对滑动体的平均屈服加速度和累积滑动位移的影响较小。而合理估算筑坝材料在地震时程中的动强度和振动孔隙水压力在高土石坝抗震安全评价中的重要意义又显而易见。因此,结合上述可考虑动强度和动孔压影响的"解耦型"滑体变形分析法对 3.4 节中所给算例进行数值分析,以衡量动强度和振动孔压对滑动体屈服加速度和滑动位移的影响。坝体剖面和潜在滑动面如图 4.18 所示,材料动强度和振动孔压参数详见表 4.4 和表 4.5,地震输入加速度时程如图 4.13 所示。

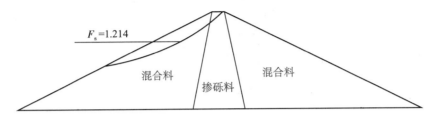

图 4.18　堤坝潜在滑动面及安全系数

依据 4.2.2 节介绍的基于动强度模式的 Newmark 滑块位移法,利用拟静力条分法给出了该土石坝临界滑动体的抗滑力矩 M_t、平均屈服加速度系数 k_y 和累积滑移量 s,如表 4.11 和图 4.19 所示。计算结果表明,地震荷载对材料抗剪强度的影响比较明显,基于 Seed 动强度模式和水科院动强度模式下的滑动体抗滑力矩均有不同程度的降低,降低幅度分别为 3.9% 和 8.8%,对应的平均屈服加速度系数分别降低了 11.8% 和 25.6%,静强度下的滑移量约为 Seed 动强度模式下的 1/2,约为水科院动强度模式下的 1/3。

表 4.11　拟静力条分法计算结果

项目	静强度	Seed 动强度	水科院动强度
$M_t/(\text{kN} \cdot \text{m})$	15015	14425	13694
k_y	0.152	0.134	0.113
s/cm	24.2	42.4	66.6

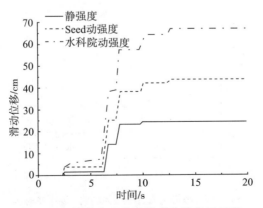

图 4.19　拟静力条分法滑动位移发展时程

利用动力响应分析结果和 4.2.2 节描述的拟静力有限元法确定临界滑动体各条块底部时程法向压应力和各强度模式下的抗滑力矩发展时程,如图 4.20 所示,滑动体平均屈服加速度系数和滑移量发展时程,如图 4.21 和图 4.22 所示。

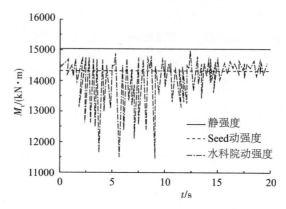

图 4.20　滑动体抗滑力矩发展时程

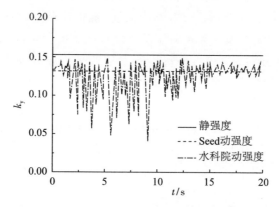

图 4.21　滑动体平均屈服加速度系数发展时程

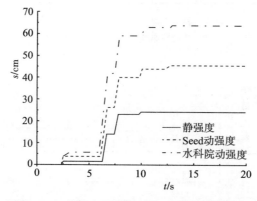

图 4.22　拟静力有限元法滑动位移发展时程

计算结果表明,基于水科院动强度模式下的总抗滑力矩和平均屈服加速度随滑动体底部法向应力的变化而变化,滑动体平均屈服加速度时程大部分在 $0.10g \sim 0.15g$,而基于静强度模式和 Seed 动强度模式的抗滑力矩和屈服加速度在地震时程中恒定不变。另外,如图 4.22 所示,静强度模式下滑动体在 6s 以后几乎不再发生滑移,而动强度模式下的滑动位移直到 12.5s 左右才最终完成,累积滑移量为静强度的 2~3 倍。

3. 算例 3[28]

利用前面所给算例,就振动孔压的累积对坝体抗震稳定性和滑移量发展时程的影响进行了数值分析。

图 4.23 给出了临界滑弧顶部、中部和底部的动孔隙水压力发展时程。为便于比较,图 4.24 和图 4.25 给出了基于 Seed 动强度模式、考虑时程竖向加速度和考虑振动孔压影响的临界滑动体的平均屈服角加速度和地震滑动位移发展时程。计算结果表明,对于百米级的土石坝,时程竖向加速度对累积滑移量的影响可以忽略,地震时程振动孔隙水压力的累积对滑动体平均屈服角加速度的影响较大。滑动体的平均屈服角加速度随振动孔隙水压力的累积分时段逐渐降低,累积滑动位移约为前者的 1.5 倍,分别为 42.7cm、43.5cm、62.6cm。

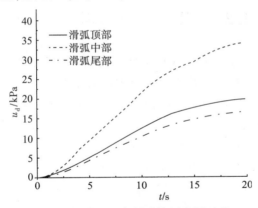

图 4.23　典型土条振动孔压发展时程

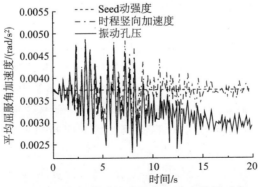

图 4.24　滑动体平均屈服角加速度发展时程

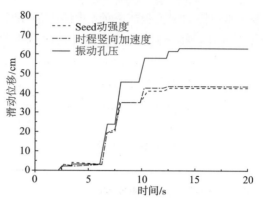

图 4.25　滑动体滑动位移发展时程

　　另外,与第 3 章基于 4 种整体变形法得到的地震永久变形计算结果相比,"解耦型"Newmark 滑块位移法得到的水平向位移最大为 51.2cm,最小为 34.9cm,均远大于所列 4 种方法得到的坝体水平向地震变形,而竖向变形最大为 35.9cm,最小为 24.4cm,均小于上述 4 种整体变形法得到的坝体沉降分析结果。

4.2　"耦合型"地震滑移量分析

　　Wartman 关于刚性土柱和可变形土柱的振动台动力试验结果表明,"解耦型"算法无法从严格意义上表征地震荷载对失稳坝坡的作用机制。当滑动体将发生滑动或已发生滑动时,滑动体的塑性滑移和滑动体弹性响应的耦联性将对两者产生重大影响。国内外学者围绕该耦联性开展了广泛的研究,1983 年 Lin 和 Whiteman[29] 采用一维单自由度集中质量块模型估算耦合和非耦合情况下滑动体的滑动变形,计算结果表明,当输入地震动的卓越周期接近滑动体结构的自振周期时,"解耦型"Newmark 滑块位移法将造成保守的评价结果。1983 年 Nadim 和 Whitman[30,31] 首次采用符合库仑摩擦定律的 Goodman 接触单元构造挡土墙复合结构的潜在滑动面,进而利用平面应变动力有限元法和接触单元的特殊性质估算墙体滑动结构的地震滑移量和动力响应特性。1987 年,Houston 等[32] 提出"软弱滑动层"的概念,当滑动体发生滑动时,通过改变"软弱滑动层"的动力特性限制传入滑动体内的剪切波能量,采用此时"软弱滑动层"下部相邻单元的加速度时程作为滑动体的滑动加速度,将此加速度与屈服加速度的差值关于时间二次积分得到滑动面上各局部位置的地震滑动位移增量和累积滑动位移。1991 年 Chopra 和 Zhang[33] 利用刚体"耦合"滑块模型对重力坝在地震动作用下的滑移量进行估算,指出屈服加速度和输入峰值加速度的比值是影响所采用计算方法计算结果的关键因素。1994 年,Gazetas 和 Uddin[34] 利用商业软件 ADINA 估算土石坝潜在滑动体的地震滑移量,计算中假定塑性滑移变形均发生在预先给定的滑动面上,在破坏面内引入符合库仑摩擦定律的接触面单元,利用

ADINA 中该特殊接触面单元的力学特性模拟滑动体在地震时程中处于不同运动形态的外载作用机理,深入探讨了引入接触面单元前后坝体动力响应的差异和滑动体在正弦简谐波和实测地震动作用下传统的"解耦型"算法和"耦合型"算法的差异,指出两者计算结果的差异主要取决于输入地震动的激振频率和坝体基频的接近程度。1997 年 Kramer 和 Smith[35]利用多自由度集中质量块模型预测垃圾填埋场结构的地震滑动位移,数值计算表明,滑动体的滑移量对于激振频率有较强的依赖性。中国水利水电科学研究院与大连理工大学合作完成了高面板堆石坝地震变形分析方法,该方法改变了以往将屈服加速度作为堆石体发生破坏的准则,采用有限元法,用抗滑力与阻滑力之比定义抗滑稳定安全系数,并利用数学规划法搜索地震过程中每一时间步的最小抗滑安全系数及其所确定的最危险滑裂面,在选定的堆石体最危险滑裂面上加入一层无厚度的 Goodman 单元,再次计算面板坝的地震响应,定义滑裂面Goodman 单元的抗剪强度满足莫尔-库仑定律,将超过抗剪强度的应力引起的接触面相对位移进行叠加,即该滑裂面的地震永久变形,但面板堆石坝与心墙堆石坝在结构布局、动力响应特点、抗震机制及动力变形特征等方面均存在显著差异,上述方法是否适用于高心墙土石坝地震变形分析值得进一步研究[36]。1999 年和 2000 年,Rathje 和 Bray[37,38]针对垃圾填埋场等新型的土工结构,基于滑动体在地震动作用下的实际破坏机理,采用物理元件的组合建立了非线性多自由度集中质量块"耦合"模型,探讨了滑动体塑性滑移变形对整个弹性体系动力响应的影响。2003 年,Wartman 采用振动台完成了大量土坡模型试验,对新近得到发展的两步法"解耦型"模型和一步法"耦合型"模型做出了进一步验证,给出了各模型的适用范围。尽管上述方法一定程度上考虑了动力响应和塑性滑移之间的耦联性,潜在滑动体也由最初的刚性滑动体假设发展到目前的多自由度滑动体系(图 4.26),但各种计算模型的复杂性及其评价结果的合理性和可靠性还不能完全满足工程需要,发展一种简单而实用的"耦合型"Newmark 滑块位移法用以估计滑动体的地震滑移量具有十分重要的现实意义。在 Chopra 和 Zhang 及 Rathje 和 Bray 提出的刚体单自由度"耦合"滑块模型

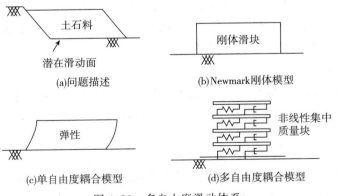

图 4.26　多自由度滑动体系

基础上,充分考虑土石坝和挡土墙等土工结构分布柔性的特点,基于摩擦滑移结构的抗震原理[39,40],将整个滑移体系等效为具有分布质量体系的剪切型悬臂梁结构,建立滑动加速度和动力响应加速度的耦合动力平衡方程,求解地震时程中滑动体系的动力响应加速度和有效滑动加速度[41]。

4.2.1　基于摩擦滑移机理的"耦合型"滑块分析

在地震荷载等不规则动荷载作用下,滑移结构与地基处于粘合或相对滑动状态,如图 4.27 所示。当滑动体承受的滑动力超过滑动体的抗滑力时,滑动体由粘合状态转变为滑动状态,同时滑动体的外荷载作用机制将发生改变。当滑动体与地基或结构其余部分处于粘合状态时,传入滑动体内的剪切波不受阻碍,弹性滑动体不发生相对于基础的塑性滑移,而当滑动体的滑动力超过抗滑力时,滑动体产生相对于基础的塑性滑移,该塑性滑移将有效地消耗传入滑动体内部的地震能量,降低滑动体的动力响应幅值,进而限制滑动体塑性滑移的进一步发展,即滑动体系动力响应与塑性滑移的耦联性。

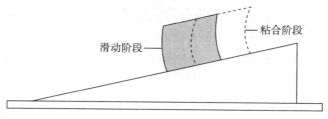

图 4.27　计算模型示意图

1. 摩擦滑移体系

近年来,基于摩擦滑移机理的隔震设施在建筑物结构抗震设计中得到广泛应用。该隔震设施简单易行、造价低廉,且受地面运动频率特性的影响较小,几乎不会发生共振现象,即使发生滑移位移,也不影响其支座的竖向承载力。建筑结构的抗震能力主要取决于上部结构与基础的摩擦系数,摩擦系数越小,传入上部结构的地震剪切作用越小,但结构的滑移量越大。该抗震设计主要考虑对上部结构的实际减震效果和累积滑移量的大小。对于坝基处存在软弱夹层的土石坝和挡土墙等土工结构,将结构体系适当简化,在充分考虑该类土工结构的结构特点和受力特点基础上,基于摩擦滑移机理估算该类结构体系的塑性滑动位移和动力响应特征。

2. 动力分析模型

将整个结构体系等效为具有分布柔性的剪切型悬臂梁结构,滑动体内部位移大小及其分布由式(4.47)确定:

$$u(y,t) = \sum_{i=1}^{n} \phi_i(y)Y_i(t) \qquad (4.47)$$

式中,$u(y,t)$ 为距滑动体顶部 y 处土层的水平向位移;y 为距滑动体顶部的高度;t 为时间;$\phi_i(y)$ 为第 i 阶振型函数;n 为振型数目,针对土工结构的响应特点,选择合理的振型数目来描述结构的真实动力响应；$Y_i(t)$ 为第 i 阶模态坐标。

1）矩形滑动体系振型函数——挡土墙结构

Idriss 和 Seed[42] 利用分离变量法和贝塞尔函数给出了水平成层堆砌且剪切模量沿高度呈指数 p 分布的矩形滑动体系的振型函数和各阶频率解析表达式，即

$$G(y) = ky^p \tag{4.48}$$

$$\rho(y)\frac{\partial^2 u}{\partial t^2} + c(y)\frac{\partial u}{\partial t} - \frac{\partial}{\partial y}\left[ky^p\frac{\partial u}{\partial y}\right] = -\rho(y)\frac{\mathrm{d}^2 u_g}{\mathrm{d}t^2} \tag{4.49}$$

$$\phi_i(y) = \Gamma(1-b)\left(\frac{\beta_i}{2}\right)^b\left(\frac{y}{H}\right)^{\frac{b}{\theta}} J_{-b}\left[\beta_i\left(\frac{y}{H}\right)^{\frac{1}{\theta}}\right] \tag{4.50}$$

$$\omega_i = \frac{\beta_i}{\theta}\frac{\sqrt{k/\rho}}{H^{1/\theta}} \tag{4.51}$$

$$p\theta - \theta + 2b = 0 \tag{4.52}$$

$$p\theta - 2\theta + 2 = 0 \tag{4.53}$$

式中，$G(y)$ 为距离顶部 y 处土层的动剪切模量；$k = G_0 H^{1/p}$，G_0 为滑动体底部动剪切模量；p 为剪切模量沿滑动体竖直方向上的分布指数，由填筑材料动力特性确定；Γ 为 Gamma 函数；b、θ 为振型函数分布参数，取决于剪切模量分布指数 p（$p \leqslant 1/2$，当 $p > 1/2$ 时，无法获得贝塞尔函数形式的解答），由式（4.52）和式（4.53）联立确定；H 为滑动体高度；i 为第 i 阶频率；ρ 为场地土密度；β_i 为 $-b$ 阶第一类贝塞尔函数 $J_{-b}(\beta_n) = 0$ 的根。

将 $p = m$ 代入式（4.52）和式（4.53），可得到该滑动体系振型函数分布参数 b、θ，剪切模量呈指数 m 分布的滑动体系振型函数和自振频率解析表达式为

$$b = \frac{1-m}{2-m} \tag{4.54}$$

$$\theta = 2/(2-m) \tag{4.55}$$

$$\varphi_i(y) = \Gamma\left(1 - \left(\frac{1-m}{2-m}\right)\right)\left(\frac{\beta_i}{2}\right)^{\frac{1-m}{2-m}}\left(\frac{y}{H}\right)^{\frac{1-m}{2}} J_{-\left(\frac{1-m}{2-m}\right)}\left[\beta_i\left(\frac{y}{H}\right)^{\frac{2-m}{2}}\right] \tag{4.56}$$

$$\omega_i = \frac{(2-m)\beta_i}{2H^{\frac{2-m}{2}}}\sqrt{k/\rho} \tag{4.57}$$

动剪切模量分布指数和振型函数如表 4.12 和图 4.28 所示。

表 4.12　剪切模量分布指数

p	b	θ	β_1	β_2	β_3
1/5	4/9	10/9	1.6721	4.805	7.9445
1/4	3/7	8/7	1.7004	4.8313	7.9703
1/3	2/5	6/5	1.751	4.8785	8.0166
1/2	1/3	4/3	1.8664	4.9879	8.1243

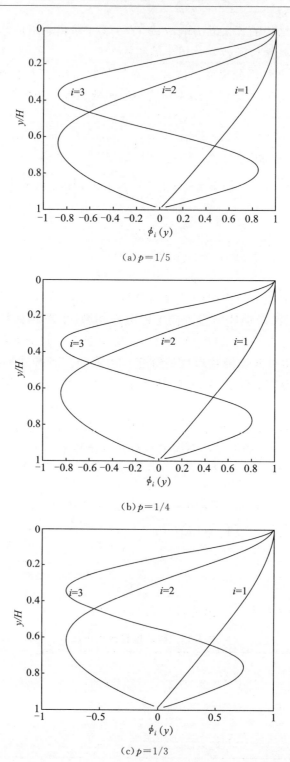

(a) $p=1/5$

(b) $p=1/4$

(c) $p=1/3$

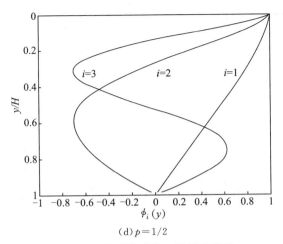

(d)$p=1/2$

图 4.28　滑动体系前三阶模态位移

2)三角形滑动体系振型函数——土石坝结构[43-52]

Gazetas 的研究表明,土石坝中不同坝高处的平均剪切模量 G 沿坝高的分布可用式(4.58)所示的指数函数表示。指数 l/m 与坝高和填筑材料的性质有关,对于低坝,$l/m=0$,对于高坝,一般的变化范围在 $1/2\sim1$,下面以 $l/m=1/2$ 和 $l/m=2/3$ 三角形断面的土石坝为例,如图 4.29 所示,介绍剪切模量沿坝高方向呈指数分布的地震反应计算。

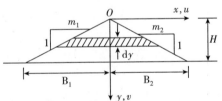

图 4.29　剪切梁法模型

$$G(y) = G_0 \left(\frac{y}{H} \right)^{\frac{l}{m}} \tag{4.58}$$

$$\rho(y) \frac{\partial^2 u}{\partial t^2} + c(y) \frac{\partial u}{\partial t} - G_0 \, (y/H)^{\frac{l}{m}} \left[\left(\frac{l}{m} + 1 \right) \frac{1}{y} \frac{\partial u}{\partial y} + \frac{\partial^2 u}{\partial y^2} \right] = - \rho(y) \frac{\mathrm{d}^2 u_g}{\mathrm{d}t^2} \tag{4.59}$$

当 $l/m=1/2$ 时,模态位移如图 4.30 所示。

$$\phi_i(y) = \left(\frac{y}{H} \right)^{-\frac{1}{4}} J_{\frac{1}{3}} \left[\beta_{\frac{1}{3},i} \left(\frac{y}{H} \right)^{\frac{3}{4}} \right] \tag{4.60}$$

$$\omega_i = \frac{3}{4} \frac{\beta_{\frac{1}{3},i} \sqrt{G_0/\rho}}{H} \tag{4.61}$$

式中,G_0 为坝底剪切模量;H 为坝体垂直高度;i 为第 i 阶频率;$J_{\frac{1}{3}}$ 为第一类 1/3 阶贝塞尔函数;$\beta_{\frac{1}{3},i}$ 为 $J_{\frac{1}{3}}(\beta_n)=0$ 的根,$\beta_1=2.91,\beta_2=6.03,\beta_3=9.17,\cdots$。

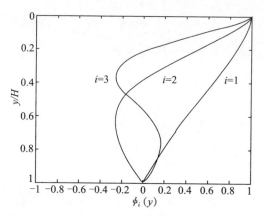

图 4.30　土石坝前三阶模态位移($l/m=1/2$)

当 $l/m=2/3$ 时,模态位移如图 4.31 所示。

$$\phi_i(y) = \left(\frac{y}{H}\right)^{-\frac{2}{3}} \sin\left[a_n\left[1-\left(\frac{y}{H}\right)^{\frac{2}{3}}\right]\right] \tag{4.62}$$

$$\omega_i = \frac{2}{3}\frac{\sqrt{G_0/\rho}}{H}a_n \tag{4.63}$$

式中,a_n 与截断比 λ 相关,当截断比取零时,前三阶位移振型函数对应的 a_n 分别为 3.142、6.283、9.425。

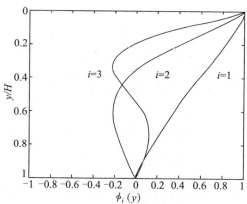

图 4.31　土石坝前三阶模态位移($l/m=2/3$)

1981 年,Gazetas 基于剪切梁模型对剪切模量沿土石坝竖向的分布指数 l/m,对土石坝前三阶模态位移的影响程度进行了深入的研究,指出当截断比 $\lambda=0$ 时,剪切模量分布指数 l/m 对模态位移和坝顶加速度放大倍数有一定影响,但不敏感;而当 l/m 取值较大时,坝体将发生弯曲变形,违背了关于坝体仅发生剪切变形的初始假定,Gazetas 建议 l/m 取值在 $0.40\sim0.75$。

3)滑动体系竖向振动振型函数

近年来的地震灾害调查结果表明,地震动的方向性特征明显,竖向地震荷载对建筑物的破坏起着举足轻重的作用。Gazetas[53]和河海大学的沈振中等[54]基于三维剪切楔理论,利用分离变量法推导剪切模量随深度呈指数变化的非均匀土石坝竖向振动的前三阶振型函数和频率解析表达式:

$$\phi_1(y/H) = 1 - (y/H)^2 \tag{4.64}$$

$$\phi_2(y/H) = -\frac{\phi_1}{0.64}(1 - 1.64\phi_1) \tag{4.65}$$

$$\phi_3(y/H) = \frac{\phi_1}{0.424}(1 - 4\phi_1 + 3.424\phi_1^2) \tag{4.66}$$

$$\omega_{ij} = \frac{Q_{ij}}{H}\frac{\sqrt{G_0/\rho}}{\sqrt{(1-\mu)/2}} \tag{4.67}$$

式中,μ 为平均泊松比;Q_{ij} 与平均泊松比、坝体轴向长度 L 和坝体高度 H 有关。

Gazetas 和沈振中等给出的矩形河谷和 V 形河谷中土石坝竖向振动模态位移图表明,剪切模量分布指数对竖向振动前三阶振型函数的影响基本可以忽略,图 4.32 给出了分布指数为 2/3 时前三阶竖向振动振型函数沿坝体高度分布趋势。

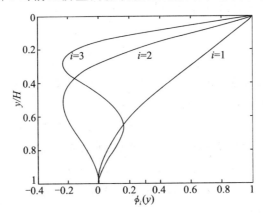

图 4.32 土石坝竖向振动前三阶模态位移($l/m = 2/3$)

3. 粘合阶段

当作用在滑动体上的倾覆力小于滑动体的抗滑力时,滑动体与基础部分处于粘合状态,此时整个滑动体系水平向和竖向振动方程为

$$\ddot{X}_i + 2\lambda\omega_i\dot{X}_i + \omega_i^2 X_i = -\frac{L_i}{M_i}\ddot{u}_h(t) + \frac{\int_0^H p(y,t)\phi_i(y)\mathrm{d}y}{M_i} \tag{4.68}$$

$$\ddot{Y}_i + 2\lambda\omega_i\dot{Y}_i + \omega_i^2 Y_i = -\frac{L_i}{M_i}\ddot{u}_v(t) \tag{4.69}$$

$$L_i = \int_0^H m(y)\phi_i(y)\mathrm{d}y \tag{4.70}$$

$$M_i = \int_0^H m(y)[\phi_i(y)]^2\mathrm{d}y \tag{4.71}$$

式中，M_i 为第 i 阶振型的广义质量；L_i 为第 i 阶振型加速度沿滑动体高度分布系数；λ 为材料阻尼比；$m(y)$ 为滑动体单位高度的质量；$\ddot{u}_h(t)$ 和 $\ddot{u}_v(t)$ 为水平向和竖向输入地震动时程；$P(y,t)$ 为沿滑动体高度动力分布荷载，如动水压力，主、被动土压力，筋材与土体相互作用力等。

滑动体处于粘合阶段时各高程的水平向和竖向绝对加速度由式（4.72）和式（4.73）确定：

$$\ddot{u}_h(y,t) = \sum_{i=1}^{n} \phi_i(y)\ddot{X}_i(t) + \ddot{u}_h(t) \tag{4.72}$$

$$\ddot{u}_v(y,t) = \sum_{i=1}^{n} \phi_i(y)\ddot{Y}_i(t) + \ddot{u}_v(t) \tag{4.73}$$

4. 滑动阶段

当滑动体由粘合状态向滑动状态过渡时，滑动体在滑动方向上满足式（4.74）所示的平衡方程：

$$-M\ddot{u}_h(t) - \sum_{i=1}^{n} L_i\ddot{X}_i(t) = \pm N\mu_d + F \tag{4.74}$$

$$N = m\Big[\sum_{i=1}^{n} L_i\ddot{Y}_i(t) + \ddot{u}_v(t) + g\Big] \tag{4.75}$$

式中，M 为滑动体的总质量；$\ddot{X}_i(t)$ 和 $\ddot{Y}_i(t)$ 表示作用在滑动体上的水平和竖向惯性力；$\ddot{u}_h(t)$ 和 $\ddot{u}_v(t)$ 表示作用在滑动体上的水平和竖向加速度，"$-$"表示力的方向与加速度的方向相反；μ_d 为动摩擦因数；N 为滑动体底部压力（包括滑动体自重 G 和竖向惯性力，假设竖向振动反应不受水平塑性滑动位移影响）；m 为滑动体总质量；关于 $\pm N\mu_d$，当滑动体相对基础向左（下游方向）滑动时取"$+$"，当滑动体相对基础向右（上游方向）滑动时取"$-$"；F 为滑动体所受的其他外载，包括静水压力、动水压力、渗流力及主、被动土压力和筋材与土体相互作用力等。

当作用在滑动体上的水平惯性力小于式（4.74）所示的右端抗滑力时，滑动体与基础部分处于粘合阶段，反之，滑动体与基础部分处于相对滑动阶段。当滑动体处于相对滑动阶段时，作用在滑动体上的惯性荷载包括基底输入地震动荷载引起的惯性力和滑动体的有效滑动加速度引起的附加惯性力两项。此时，滑动体的动力方程转化为包含滑动体动力响应加速度和有效滑动加速度两个未知量的耦合动力平衡方程，式（4.68）和式（4.74）转化为

$$\ddot{X}_i + 2\lambda\omega_i\dot{X}_i + \omega_i^2 X_i = -\frac{L_i}{M_i}[\ddot{u}_h(t) + \ddot{s}(t)] + \frac{\int_0^H p(y,t)\phi_i(y)\mathrm{d}y}{M_i} \tag{4.76}$$

$$-M(\ddot{u}_h + \ddot{s}) - \sum_{i=1}^{n} L_i\ddot{X}_i = \pm N\mu_d + F \tag{4.77}$$

联立上述方程可得仅包含滑动体动力响应加速度的滑动体水平向耦合动力平衡

方程,即

$$\ddot{X}_i + \frac{2\lambda\omega_i}{d_i}\dot{X}_i + \frac{\omega_i^2}{d_i}X_i = \frac{L_i(\pm N\mu_d g + F)}{Md_iM_i} + \frac{\sum_{j=1,j\neq i}^{n} L_iL_j\ddot{X}_j}{Md_iM_i} + \frac{\int_0^H p(y,t)\phi_i(y)\mathrm{d}y}{d_iM_i} \tag{4.78}$$

$$d_i = 1 - \frac{L_iL_i}{MM_i} \tag{4.79}$$

将得到的相对加速度代入式(4.80),可得滑动体处于滑动时刻的有效滑动加速度 $\ddot{s}(t)$,进而由式(4.81)确定滑动时刻滑动体上各高程的绝对加速度:

$$\ddot{s}(t) = -\frac{\pm N\mu_d + F + \sum_{i=1}^{n} L_i\ddot{X}_i(t)}{M} - \ddot{u}_h(t) \tag{4.80}$$

$$\ddot{u}_h(y,t) = \sum_{i=1}^{n} \phi_i(y)\ddot{X}_i(t) + \ddot{u}_h(t) + \ddot{s}(t) \tag{4.81}$$

将式(4.80)得到的滑动加速度进行二次积分,即可得到该滑动时刻滑动体的塑性滑移增量。当且仅当式(4.74)中的左端水平惯性力小于右端抗滑力且滑动体的有效滑动速度降至 0($\dot{s}(t) = 0$)时,滑动体重新由滑动状态转为粘合状态,水平向动力平衡方程重新转换为式(4.68)。

5. 振动台模型试验验证

Wartman 利用振动台模型试验对位于倾斜面上可变形土柱在地震动作用下的动力变形和动力响应特性进行了深入而细致的研究和探讨,获得大量的实测数据。在 Wartman 关于可变形土柱的振动台试验结果基础上,对上述考虑分布柔性的广义单自由度"耦合"滑块模型的合理性和可靠性进行验证。

在 Wartman 的振动台模型试验中,可变形土柱的构成材料主要为高岭黏土和斑脱土黏土,土柱高度为 16cm,直径为 25.4cm,密度为 1.68g/cm³,由共振柱试验测得土柱的自振频率为 9.6Hz,将土柱安置在倾角为 11.37°的振动台上,如图 4.33 所示,土柱与振动台之间的摩擦角为 17.5°,输入地震动采用正弦波,幅值为 0.18g,历时 5s,频率为 6.7Hz,振动台试验输入正弦波如图 4.34 所示。

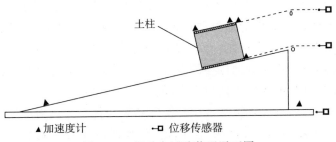

▲加速度计　　➡位移传感器

图 4.33　振动台试验装置平面图

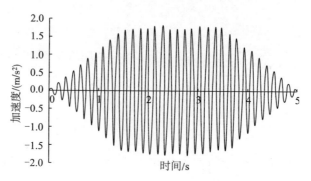

图 4.34　正弦波输入时程

Wartman 给出了上述可变形土柱在图 4.33 所示正弦波作用下的塑性滑动位移和土柱表面绝对加速度发展时程,如图 4.35 所示,为便于比较分析,图 4.35 同时给出了传统"解耦"算法和改进"耦合"算法的加速度发展时程[28]。

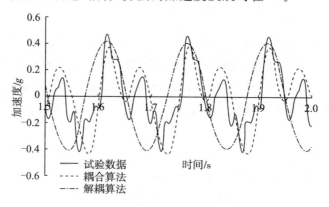

图 4.35　柱顶绝对加速度部分发展时程

从图 4.35 可以看出,基于"耦合"算法得到的柱顶绝对加速度时程与振动台试验观测结果较为一致,仅在滑动方向上的加速度响应幅值略低于振动台试验观测结果。由土柱处于滑动状态时的耦合动力平衡方程可知,当土柱处于滑动阶段时,土柱的自振频率将发生改变。振动台试验结果和"耦合"算法得到的加速度结果清晰地表明,土柱滑动后自振频率约为粘合状态的 2 倍,反之"解耦"算法中滑动体的自振频率在地震时程中保持不变。在"耦合"算法中,通过改变土柱滑动后的动力平衡方程,可较合理地考虑滑动体自身塑性滑动位移对整个滑动体系动力响应的影响,真实地模拟土柱处于滑动状态时的受力机制。而"解耦"算法得到的绝对加速度在正反两个方向上的峰值呈对称分布,塑性滑动位移的发展和土柱的动力响应是相互独立的。

由图 4.36 给出的可变形土柱塑性滑动位移发展时程可知,基于改进"耦合"算法得到的滑动位移与 Wartman 振动台试验实测结果变化趋势较为一致,累积滑动位移分别为 5.76cm 和 5.34cm,误差在 5% 以内,且初始滑动时刻也较为接近,为 0.65s 左右,如图 4.36 中虚线(耦合算法)和实线(Wartman 振动台试验测量结果)所示。

而基于"解耦"算法(如图 4.36 中点划线所示)得到的初始滑动发生时刻在 0.5s 左右,在 1.5s 左右偏离实测结果,累积滑动位移约为 8.59cm,远高于实测值。

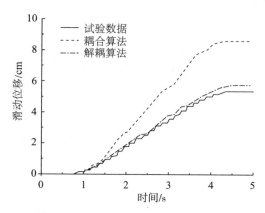

图 4.36　土柱塑性滑动位移发展时程

Wartman 关于可变形土柱的振动台试验结果可得出以下结论。

(1)当滑动体发生初始滑动时,土柱滑动方向上实测的滑动加速度明显高于"解耦"算法得到的滑动加速度,但随着塑性滑动位移的增加,实测滑动加速度迅速降低,直至反向。

(2)当可变形土柱发生滑动时,土柱的滑动加速度的响应周期约为输入地震动卓越周期的一半,而"解耦"算法得到的响应加速度的响应周期与输入地震动的卓越周期保持一致。

(3)当可变形土柱的自振频率接近输入地震动的基频时,"解耦"算法得到的滑动位移与振动台试验结果差异最大。

6. 验证和分析

采用上述改进"耦合"滑块模型对可简化为考虑分布柔性的剪切梁型的重力式挡土墙结构在共振条件下产生的地震滑移量进行数值分析[41]。该挡土墙墙高 10m,宽度为 4m,填土坡度为 0°,墙体底部摩擦角为 18°,墙体土料容重为 17.6kN/m³,侧压力系数为 0.5,墙底剪切波速为 90m/s,剪切模量沿墙体高度分布指数为 1/2,临界阻尼比为 10%,自振周期为 0.44s,输入地震动峰值加速度为 0.283g,卓越周期为 0.45s,该挡土结构的自振周期与输入地震动的卓越周期的比值在 1.0 左右,地震历时 20s,挡土墙剖面和输入地震动如图 4.37 和图 4.38 所示。

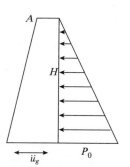

图 4.37　重力挡土墙结构剖面图

《水工建筑物抗震设计规范》(DL 5073—2000)建议采用式(4.82)~式(4.85)计算水平地震荷载作用下挡土墙的总主动土压力:

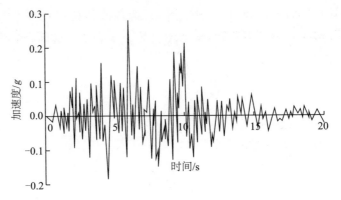

图 4.38　输入地震波

$$F = \left[q_0 \frac{\cos\phi_1}{\cos(\phi_1 - \phi_2)} H + \frac{1}{2}\gamma H^2 \right] (1 - \zeta a_\mathrm{v} g) C_\mathrm{e} \tag{4.82}$$

$$C_\mathrm{e} = \frac{\cos^2(\phi - \theta_\mathrm{e} - \phi_1)}{\cos\theta_\mathrm{e} \cos^2\phi_1 \cos(\delta + \theta_\mathrm{e} + \phi_1)(1 \pm \sqrt{Z})^2} \tag{4.83}$$

$$Z = \frac{\sin(\delta + \phi)\sin(\phi - \theta_\mathrm{e} - \phi_2)}{\cos(\delta + \phi_1 + \theta_\mathrm{e})\cos(\phi_2 - \phi_1)} \tag{4.84}$$

$$\theta_\mathrm{e} = \tan^{-1}\left(\frac{\zeta a_\mathrm{h}}{g - \zeta a_\mathrm{v}} \right) \tag{4.85}$$

式中,F 为地震主动土压力;q_0 为填土表面均布荷载;ϕ_1 为挡土墙面与垂直面夹角;ϕ_2 为填土表面与水平面夹角;H 为填筑土体高度;γ 为填筑土体容重;ϕ 为填筑土体内摩擦角;θ_e 为地震系数角,δ 为挡土墙面与填土之间的摩擦角;ζ 为计算系数,动力法计算地震作用效应时取 1.0,静力法计算地震作用效应时一般取 0.25。

当该重力式挡土墙在水平向地震荷载作用下发生滑动时,将挡土结构受到的地震主动土压力代入式(4.76)右端荷载项内,令 $P = F$,得作用在该挡土墙结构上的地震总主动土压力为 134.34kN。

采用改进的"耦合"算法和本章介绍的"解耦"算法估算该结构在共振条件下的地震滑移量,计算结果如图 4.39~图 4.41 所示。

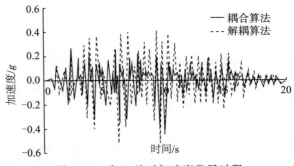

图 4.39　点 A 绝对加速度发展时程

图 4.39 给出了基于"耦合"和"解耦"算法的挡土墙顶部点 A 的绝对加速度发展时程,以滑动方向为正。当该墙体结构与地基处于粘合状态时,上述两种算法得到的响应加速度完全一致,而当墙体相对于填筑土体发生滑动时,作用在墙体结构上的惯性荷载不仅包括墙底输入地震动引起的地震惯性力,还包括墙体的有效滑动加速度引起的惯性力,此时点 A 的动力响应加速度发生变化。如图 4.39 所示,"解耦"算法得到的响应加速度放大倍数约为输入地震动的 2 倍,而"耦合"算法得到的滑动方向上的响应加速度因受到塑性滑动位移的影响几乎未发生放大。当墙体与地基重新进入粘合状态后,响应加速度时程又逐渐趋于一致,变化规律与上述 Wartman 关于可变形土柱振动台试验得到的结论和规律保持一致。

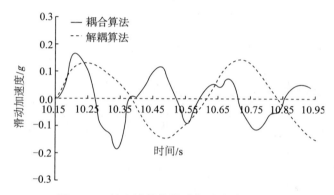

图 4.40　挡土墙结构滑动加速度发展时程

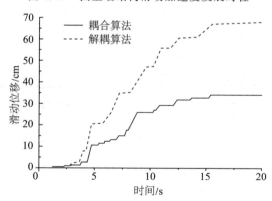

图 4.41　重力式挡土墙滑动位移发展时程

图 4.40 和图 4.41 分别给出了共振条件下基于改进"耦合"算法和"解耦"算法得到的墙体在一个滑动时段内的滑动加速度时程和整个地震时程中的塑性滑动位移发展曲线。可以看出当墙体发生滑动后,"解耦"算法得到的滑动加速度的响应周期与输入地震动保持一致,均为 0.45s 左右,而上述改进"耦合"算法得到的加速度响应周期约为输入地震动卓越周期的一半,与 Wartman 得到的结论较为一致。在墙体发生滑动的初始时刻,由于受到有效滑动加速度引起的附加惯性力作用,"耦合"算法得到

的滑动加速度峰值明显大于"解耦"算法的滑动加速度峰值,然而随着滑动位移的增大,滑动体与基础之间的摩擦力有效地限制传入墙体中的剪切能量,响应加速度迅速降低,并随之发生转向,滑动周期远短于"解耦"算法得到的滑动周期,进而使得"解耦"算法得到的滑动位移远大于上述改进"耦合"算法的计算结果。在地震历时 4s 左右,"解耦"算法得到的滑动位移发展曲线逐渐背离"耦合"算法得到的位移发展曲线,"解耦"算法的增长区间为 5~15s,而"耦合"算法得到的时程滑动位移曲线增长趋势逐渐变缓,在 12s 左右几乎停止增长。

　　将水平向输入加速度峰值折减为原来的 2/3 作为竖向输入地震动对该墙体进行滑动位移验算,在双向地震动作用下该挡土墙结构的滑动加速度和累积滑动位移发展时程如图 4.42 和图 4.43 所示。

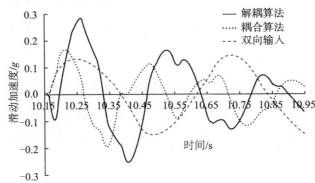

图 4.42　滑动阶段滑动加速度发展时程

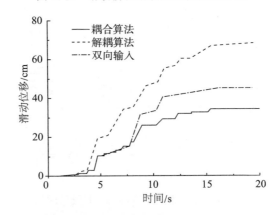

图 4.43　累积滑动位移发展时程

　　另外,就剪切模量沿墙体高度方向上的分布系数对墙体塑性滑动位移的影响程度进行了探讨,指出随着剪切模量不均匀分布指数的增大,墙体在设计地震动作用下产生的塑性滑动位移将略有增加,但增长幅度较小,如图 4.44 所示。表明在上述改进耦合滑体变形法中,剪切模量沿高度不均匀分布指数的选取对抗震安全评价结果的影响基本可以忽略。

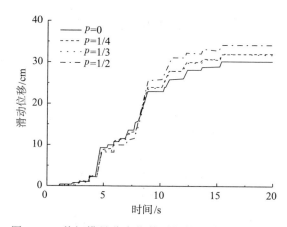

图 4.44　剪切模量分布指数对塑性滑动位移的影响

4.2.2　引入"薄层单元"的耦合滑移分析

1. 概述

目前,随着高性能计算机技术的发展和高土石坝地震荷载破坏机理的深入研究,采用接触面单元或某些特殊的物理元件及组合模拟预先给定的潜在滑动面,结合线性或非线性有限元方法建立的"耦合型"滑块模型得到了较大的发展。这些方法将原本求解整个滑动体的弹塑性动力变形问题转化为求解滑动面上接触单元的屈服与塑性变形问题,大大简化了计算问题,计算对象涵盖任意线性和非线性不规则滑动体系,但上述各种求解方法在基本假定、求解目标和求解效率等方面尚存在一定的差异和不足:其一,上述方法均需预先给定临界滑动面的位置,将潜在滑动面作为原始边界线进行网格划分并在潜在滑动面上布置无厚度的 Goodman 接触单元,增加了网格剖分的难度并降低了求解效率;其二,在整个地震时程中,用以模拟地震滑移的接触单元在滑动体发生相对滑动和相对静止时始终存在,与实际情形不符;其三,布置在滑动面上同种材料之间的接触单元具有其特殊性,接触单元的切向刚度和法向刚度的取值标准以及接触单元布置与否对坝体动力响应的影响程度等问题均需进一步研究[28]。

2. 计算模型和原理

就土石坝结构而言,滑裂面多位于同一种材料之间,必然存在变形不连续和接触界面不协调的问题,有限元计算中滑裂面上单元类型的选取具有非常重要的意义。目前多采用 Goodman 等提出的无厚度接触面单元,然而该单元类型从接触面单元参数的选取到程序的实现都较为复杂,尤其是接触面单元的动力参数,有关方面的研究成果还相对较为缺乏,多靠经验选取,具有很大的不确定性和随意性。

在已有各种基于特殊物理元件进行地震滑移计算方法的基础上,采用各向异性有厚度薄层单元(图 4.45)间接模拟土石坝坝坡潜在滑动体的滑裂面。在地震时程中,当潜在滑动体与基础部分处于粘合状态时,其变形刚度需与其上、下相邻的实体单元的模量相匹配,薄层单元作为具有较薄厚度的"等效实体单元"以满足上、下变形连续条件,通过将各薄层单元上、下相邻实体单元的模量参数加权平均,确定薄层单元的剪切模量和弹性模量;而当滑动体与基础部分发生相对滑移时,薄层单元作为具有较薄厚度的"等效接触面单元",假定"等效接触面单元"自身的塑性滑动位移可有效消耗传入滑动体内的能量。对于任一滑动时刻,将满足变形连续条件的"等效实体单元"的动剪应力与初始满足协调变形的"等效切向刚度"的比值作为此时步的总位移,其中包括弹性容许位移和塑性滑动位移;进而调节各薄层单元的"等效切向刚度系数",直至该薄层单元不产生塑性剪切变形,此时该"等效接触面单元"的动抗剪强度与调整后的"等效切向刚度系数"的比值为该时步的弹性容许位移,进而基于能量守恒原理,确定该"等效接触面单元"的塑性滑动位移消耗的能量和塑性滑动位移增量。

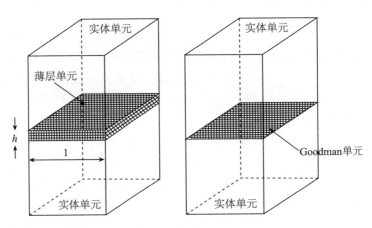

图 4.45　薄层单元和 Goodman 单元示意图

如图 4.45 所示,位于同种材料之间的薄层单元和位于其上部、下部三维实体单元具有相同的结构形式,兼顾滑裂面的结构特点和网格剖分问题,薄层单元的厚度一般在 0.1~0.5m,薄层单元弹性矩阵为

$$[D] = \begin{bmatrix} D_{11} & D_{12} & D_{13} & 0 & 0 & 0 \\ D_{21} & D_{22} & D_{23} & 0 & 0 & 0 \\ D_{31} & D_{32} & D_{33} & 0 & 0 & 0 \\ 0 & 0 & 0 & D_{44} & 0 & 0 \\ 0 & 0 & 0 & 0 & D_{55} & 0 \\ 0 & 0 & 0 & 0 & 0 & D_{66} \end{bmatrix} \tag{4.86}$$

$$D_{11} = D_{22} = D_{33} = \frac{E_0(1-\mu)}{(1+\mu)(1-\mu)} \tag{4.87}$$

$$D_{12} = D_{21} = D_{13} = D_{31} = D_{23} = D_{32} = \frac{\mu E_0}{(1+\mu)(1-2\mu)} \tag{4.88}$$

$$G_0 = \frac{E_0}{2(1+\mu)} \tag{4.89}$$

$$E_0 = \frac{E_{0,上} W_1 + E_{0,下} W_2}{W_1 + W_2} \tag{4.90}$$

当潜在滑动体与坝体其余部分处于粘合状态时

$$D_{44} = D_{55} = D_{66} = G_0 \tag{4.91}$$

当潜在滑动体与坝体其余部分处于相对滑动状态时

$$D_{44} = D_{55} = D_{66} = k_s l \tag{4.92}$$

式中，D_{44}、D_{55}、D_{66} 反映薄层单元的抗剪切能力；E_0 为薄层单元的初始弹性模量；G_0 为薄层单元的初始剪切模量；μ 为泊松比；W_1 和 W_2 为薄层单元上、下相邻实体单元的重量；k_s 为"等效接触面单元"的切向刚度系数。

就任一薄层单元而言，初始条件下均作为"等效实体单元"参与动力时程分析，当潜在滑动体与坝体其余部分处于粘合状态时，薄层单元作为较薄的"等效实体单元"，与上、下相邻的实体单元满足变形连续条件。此时，该"等效接触面单元"满足协调变形的初始等效切向刚度系数和剪切总位移由式（4.93）和式（4.94）确定：

$$k_s^0 = 2G_0(1+\mu)/l \tag{4.93}$$

$$\Delta u_t^0 = \tau_t^0 / k_s^0 \tag{4.94}$$

式中，k_s^0 为"等效接触面单元"的初始切向刚度系数；l 为薄层单元沿滑动方向的有效长度；Δu_t^0 为任一滑动时刻"等效接触面单元"满足协调变形的剪切总位移，包括弹性和塑性剪切位移；τ_t^0 表示任一滑动时刻"等效接触面单元"满足协调变形的初始动剪应力。

利用 Seed 动强度计算模式确定滑裂面上各"等效接触面单元"的动强度，详见式（4.38）～式（4.40）：

$$\tau_{fs} = (\tau_{fs0})_\alpha + \tan\varphi_{da}\sigma_{f0}' \tag{4.95}$$

$$\Delta u_f^0 = \tau_{fs} / k_s^0 \tag{4.96}$$

$$\Delta u_f^i = \tau_{fs} / k_s^i \tag{4.97}$$

$$\Delta u_t^i = \tau_t^i / k_s^i \tag{4.98}$$

$$k_s^{i+1} = \tau_{fs} / \Delta u_t^i, \quad \Delta u_t^i > \Delta u_f^i \tag{4.99}$$

$$\left| \frac{\Delta u_f^i - \Delta u_t^i}{\Delta u_f^i} \right| \leqslant 5\% \tag{4.100}$$

式中，τ_{fs0} 和 $\tan\varphi_{d0}$ 分别为 $\alpha=0$ 时的地震总应力抗剪强度指标；Δu_f^0 为任一滑动时刻初始容许剪切位移；Δu_f^i 和 Δu_t^i 分别表示第 i 迭代步的容许剪切位移和剪切总位移；k_s^i 为第 i 迭代步的"等效接触面单元"的切向刚度系数。

当"等效接触面单元"的第 i 迭代步的剪切总位移 Δu_t^i 超过第 i 迭代步的容许剪

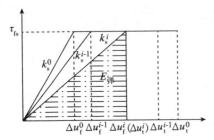

图 4.46 等效切向刚度系数迭代
求解示意图

切位移 $\Delta u_{\mathrm{f}}^{i}$ 时，由式(4.99)确定"等效接触面单元"的切向刚度系数进入第 $i+1$ 步迭代，直至满足式(4.100)，此时得到的容许剪切位移即为考虑塑性滑动位移与动力响应耦联性的动力弹性位移，一般迭代 2～3 步即可满足要求。"等效接触面单元"滑动状态下动力分析过程如图 4.46 所示。

在任一滑动时刻，满足变形连续假定条件的总能量为 $E_{\mathrm{总}}$，见式(4.101)；而实际容许传入滑动体内的能量为 $E_{\mathrm{弹}}$（图 4.46），见式(4.102)，上述两者的差值即为"等效接触面单元"在满足动强度许可条件下产生的塑性滑动变形所消耗的能量，见式(4.103)。各"等效接触面单元"的滑动位移增量和累积滑动位移见式(4.104)和式(4.105)。

$$E_{\mathrm{总}} = \frac{1}{2}\Delta u_{\mathrm{f}}^{0}\tau_{\mathrm{fs}} + (\Delta u_{\mathrm{t}}^{0} - \Delta u_{\mathrm{f}}^{0})\tau_{\mathrm{fs}} \tag{4.101}$$

$$E_{\mathrm{弹}} = \frac{1}{2}\Delta u_{\mathrm{f}}^{i}\tau_{\mathrm{fs}} \tag{4.102}$$

$$E_{\mathrm{塑}} = E_{\mathrm{总}} - E_{\mathrm{弹}} = \Delta u_{\mathrm{s}}\tau_{\mathrm{fs}} \tag{4.103}$$

$$\Delta u_{\mathrm{s}} = \Delta u_{\mathrm{t}}^{0} - \frac{1}{2}(\Delta u_{\mathrm{f}}^{0} + \Delta u_{\mathrm{f}}^{i}) \tag{4.104}$$

$$u_{\mathrm{p}}^{j} = \sum_{t=1}^{T}(\Delta u_{\mathrm{s}})_{t}^{j} \tag{4.105}$$

式中，Δu_{s} 为"等效接触面单元"任一滑动时刻的塑性滑动位移增量；j 为第 j 个"等效接触面单元"；u_{p}^{j} 为第 j 个"等效接触面单元"的累积塑性滑动位移。

3. 验证与分析

利用上述简化耦合分析方法对所给心墙土石坝进行数值分析[28]，将该坝在坝轴向拉伸 10m，构成三维薄片，坝体内节点均作轴向约束。坝高 100m，坝顶宽度为 10m，坝的上、下游坡比均为 1：1.2，坝体剖面和网格剖分如图 4.47 所示，网格剖分共有节点 280 个、单元 128 个，其中薄层单元 6 个，厚度为 0.2m，实体单元 122 个，坝体填筑材料动力参数和动强度参数详见 3.4.1 节和 4.2.1 节。基岩输入加速度时程

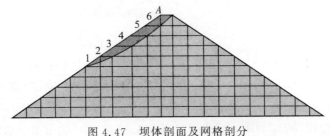

图 4.47 坝体剖面及网格剖分

如图 3.7 所示,峰值加速度为 $0.283g$,地震历时 20s,共划分 20 个时段。

结合蚁群复合形法和简化毕肖普法搜索的最危险滑裂面如图 4.47 所示,采用厚度为 0.2m 的薄层单元近似模拟介于同种土料之间的圆弧滑裂面。坝体填筑材料选自糯扎渡心墙堆石坝心墙掺砾料和混合料,静力分析采用 Duncan-Chang 双曲线模型,动力分析采用等效线性黏弹性模型,静、动力模型计算参数详见 3.6 节。

图 4.48 给出了坝体内薄层单元布置前后滑动体内坝顶中点 A 的最大加速度响应时程。

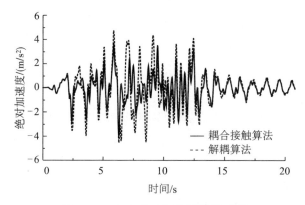

图 4.48　A 点绝对加速度发展时程

从图 4.48 可以看出,地震初始阶段,潜在滑动体与坝体其余部分处于粘合状态,薄层单元作为"等效实体单元"参与坝体非线性动力反应,计算结果与传统的解耦算法保持一致;在 2～12s,滑动体在动力剪切荷载作用下产生相对于坝体其余部分的塑性滑移,此时薄层单元作为"等效接触面单元",通过调整加载在滑动体上的动剪应力模拟滑动体塑性变形和动力响应的关联性,有效限制滑动状态下传入滑动体内的剪切波能量,进而降低滑动体内的加速度响应幅值和滑动位移,直至滑动体与坝体其余部分重新进入粘合状态,此时薄层单元再次作为"等效实体单元"参与坝体的动力响应。地震结束阶段,A 点的绝对加速度响应结果重新归于一致,如图中 15～20s 所示加速度响应时程所示。

图 4.49 给出基于耦合接触算法、李俊杰等提出的解耦接触算法和本章介绍的改进的解耦算法得到的潜在滑动体塑性滑动位移发展时程。计算结果表明,上述 3 种方法产生初始塑性滑动位移的时刻基本相同,在 1s 左右。从累积滑动位移发展时程曲线可知,两种接触算法得到的累积滑动位移增长趋势较为一致,仅在个别滑动时刻中滑动位移的增长梯度存在显著差异,耦合接触算法得到的累积滑动位移在地震结束阶段停止增长,而解耦接触算法得到的滑动位移继续保持增长;另外,传统解耦算法在 6～10s 增长梯度最大,此后增长缓慢,在 12s 左右基本停止增长,累积滑动位移与解耦接触算法得到的结果较为接近,约为 40cm;而耦合接触算法由于在滑动变形

求解中进一步考虑了塑性滑动位移和动力响应的相关性,累积塑性滑动位移偏低,约为 30cm。

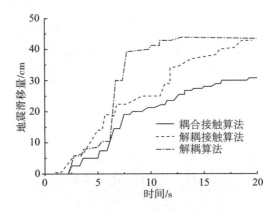

图 4.49　滑动体内最大滑动位移发展时程

　　为进一步验证上述耦合接触算法的可靠性,图 4.50 就地震累积滑移量沿整个滑裂面的分布趋势进行了比较和分析。Wartman 结合振动台模型试验对均质土坡在强震作用下的破坏机理、破坏形式以及地震引起的侧向滑移的大小和分布进行了深入的研究和分析,得到以下几点结论:①土坡在地震荷载作用下将产生两个或两个以上明显的滑裂面;②位于土坡内的滑裂面具有相同的运动趋势且分布位置较为接近,验证了 Newmark 滑块模型中关于单一滑裂面假定的合理性;③滑裂面内各点的地震滑移量在空间和时间上的分布呈明显的不均匀性,最大滑动位移一般发生在坡趾附近(滑出点),最小滑动位移一般发生在坡顶附近(滑入点)。如图 4.50 所示,基于改进的耦合接触算法得到的滑移量空间分布趋势与 Wartman 得到的试验观测结果较为一致,最大滑动位移发生在滑出点附近的薄层单元,最小滑动位移发生在滑入点附近的薄层单元,而基于解耦接触算法得到的最大滑动位移发生在滑裂面中部。

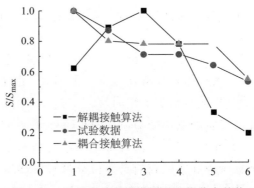

图 4.50　地震滑移量沿滑裂面空间分布趋势

参 考 文 献

[1] Newmark N M. Effects of earthquakes on dams and embankments. Geotechnique,1965,15(2): 139-160.

[2] Wartman J,Bray J D,Seed R B. Shaking Tab experimental of a model slope subjected to a Pair of repeated ground motions. Proceedings of Fourth International Conference on Recent Advance in Geotechnical Earthquake Engineering and Soil Dynamics and Symposium in Honor of Professor W. D, California,2001.

[3] Makdisi F I,Seed H B. Simplified procedure for estimation dam and embankment earthquake induced deformations. Journal of the Geotechnical Engineering Division, ASCE, 1978, 104 (GT7):849-868.

[4] Luan M T,Keizo Ugai. Proceeding of the Special Sino-JaPanese Forum on Performance and Evaluation of Soil Slopes under Earthquakes and Rainstorms. Dalian: Dalian University of Technology Press,1998.

[5] Watanabe H, Sato S, Murakami K. Evaluation of earthquake-induced sliding in rockfill dams. Soils and Foundations, 1984,(24):1-14.

[6] 陈祖煜. 土质土坡稳定分析原理·方法·程序. 北京:水利水电出版社,2003.

[7] Chen Z Y,Morgenstern N R. Extensions to generalized method of slices for stability analysis. Canadian Geotech Journal,1983,20(1):104-119.

[8] Chowdhury R N,Zhang S. Convergence aspect of limit equilibrium methods for slopes. Canadian Geotech Journal, 1990,27(1):145-151.

[9] Chugh A K. Slope stability analysis for earthquake. International Journal for Numerical and Analytical Methods in Geomechanics,1985,6:307-322.

[10] Spencer E. A method of analysis of the stability of embankments assuming Parallel inter-slice forces. Geotechnique,1967,17(1):11-26.

[11] 时卫民,郑颖人,唐伯明,等. 边坡稳定不平衡推力法的精度分析及其使用条件. 岩土工程学报,2004,26 (3):313-317.

[12] Jinman K,Nicholas Sitar M. Direct estimation of yield acceleration in slope stability analyses. Journal of Geotech nical and Geoenviron mental Engineering,2004,130(1):111-115.

[13] Prater,Edward G. Yield acceleration for seismic stability of slopes. Journal of the Geotechnical Engineering Division,ASCE,1979,105(5):682-687.

[14] Seed H B. A method for earthquake resistance design of earth dams. Journal of Soil Mechanics and Foundation Engineering,ASCE,1966,(1):13-40.

[15] Tsatsanifos C P,Sarma S K. Pore pressure rise during loading of sands. Journal of Geotechnical Engineering,ASCE,1982,108(GT2):315-319.

[16] Colorni A,Dorigo M,Maniezzo V. Distributed optimization by ant colonies// Varela F, Bourgine P. Proceeding of the First European Conference on Artificial Life. Paris:Elsevier,1991.

［17］陈凌,沈洁,秦玲.蚁群算法求解连续空间优化问题的一种方法.软件学报,2002,13(12):
　　　2317-2323.

［18］高尚,钟娟,莫述军.连续优化问题的蚁群算法研究.微机发展,2003,13(1):21-22.

［19］熊伟清,余舜浩,魏平.用于求解函数优化的一个蚁群算法设计.微电子学与计算机,2003,
　　　(1):23-25.

［20］中华人民共和国国家标准.水工建筑物抗震设计规范(DL 5073—2000).北京:中国建筑工业
　　　出版社,2000.

［21］Fellinius W. Calculation of stability of earth dams. Trans 2nd International Congress of Large
　　　Dams,1936,(4):34-45.

［22］Bishop A W. The use of the slip circle in the stability analysis of slopes. Geotechnique,1955,
　　　(5):7-17.

［23］李红军,迟世春,林皋.平均屈服加速度的 Newmark 滑块位移法,哈尔滨工业大学学报,
　　　2009,41(10):100-104.

［24］李红军,迟世春,林皋.考虑时程竖向加速度的 Newmark 滑块位移法,岩土力学,2007,
　　　28(11):2385-2390.

［25］汪闻韶.在某电厂地基饱和砂性土地震稳定性试验中提出的原理和方法.水利水电科学研究
　　　院科学研究论文集.北京:水利电力出版社,1984.

［26］李红军,迟世春,林皋.基于动强度模式和时程应力分析的 Newmark 滑块位移法.岩土力学,
　　　2006,27(1):1063-1068.

［27］中国水利水电科学研究院.糯扎渡水电站坝料动力特性实验研究报告.北京:中国水利水电
　　　科学研究院,2003.

［28］李红军.高土石坝地震变形分析抗震安全评价.大连:大连理工大学博士学位论文,2008.

［29］Lin J S,Whiteman R V. Decoupling approximation to the evaluation of earthquake-induced
　　　plastic slip in earth dams. Earthquake Engineering and Structural Dynamics,1983,11(5):667-
　　　678.

［30］Richards R,Elms D G. Seismic behavior of gravity retaining wall. Journal of Geotechnical En-
　　　gineering Division,ASCE,1979,105(GT4):449-464.

［31］Nadim F,Whitman R V. Seismically induced movement of retaining walls. J Geotech Engng
　　　Div,1983,109(GT7):915-931.

［32］Houston S L, Houston W N,Padilla J M. Microcomputer-aided evaluation of earthquake-in-
　　　duced permanent slope displacements. Microcomputers in Civil Engineering, 1987, 2(3):207-
　　　222.

［33］Chopra A K,Zhang L. Earthquake-induced base sliding of concrete gravity dams. Journal of
　　　Structural Engineering,ASCE,1991,117(12):3698-3719.

［34］Gazetas G,Uddin N. Permanent deformation on preexisting sliding surfaces in dams. Journal
　　　of Geotechnical Engineering,ASCE,1994,120(11):2041-2060.

［35］Kramer S L,Smith M W. Modified Newmark model for seismic displacements of compliant
　　　slopes. Journal of Geotechnical and Geoenvironmental Engineering, ASCE, 1997, 123 (7):

635-644.

[36] 李俊杰,邵龙潭,邵宇. 面板堆石坝地震永久变形计算方法研究. 大连理工大学学报,1998,
38(5):580-585.

[37] Rathje E M, Bray J D. An examination of simplified earthquake-induced displacement proce-
dures for earth structures. Canadian Geotechnical Journal,1999,36(1):72-87.

[38] Rathje E M, Bray J D. Nonlinear coupled seismic analysis of earth structures. Journal of
Geotechnical and Geoenvironmental Engineering,ASCE,2000,126(11):1002-1015.

[39] Yeong Bin Yang, Lee Tzuying. Response of multi-degree-of -freedom structures with sliding
supports. Earthquake Engineering and Structural Dynamics,1990,19(5):739-752.

[40] 姚谦峰,夏禾. 基础滑移隔震结构振动特性分析.世界地震工程,2001,(01):50-55.

[41] 李红军,迟世春,林皋. 基于黏着滑动耦合动力分析的 Newmark 滑块位移法. 岩石力学与工
程学报,2007,26(9):1787-1793.

[42] Idriss I M,Seed H B. Seismic response of horizontal soil layers. Journal of the Soil Mechanics
and Foundation Division,American Society of Civil Engineers,1968,95(4):693-698.

[43] Dakoulas P,Gazetas G. A class of inhomogeneous shear models for seismic response of dams
and embankments. Soil Dynamics and Earthquake Engineering,1985,4(4):166-182.

[44] Dakoulas P,Gazetas G. Nonlinear response of embankment dams. Proceedings of 2nd Interna-
tional Conference on Soil Dynamics and Earthquake Engineering,Springer-Verlag, 1985.

[45] Gazetas G. A new dynamic model for earth dams evaluated through case histories. Soils and
Foundations,1981,21(1):67-78.

[46] Gazetas G. Seismic response of earth dams:some recent developments. Soil Dynamics and
Earthquake Engineering,1987,6(1):2-47.

[47] 栾茂田,金崇磐.非均质土石坝及地基竖向地震反应简化分析.水力发电学报,1990,(1):
48-62.

[48] 栾茂田,李湛. 堤坝非线性地震响应的离散型剪切条模型等效线性化方法. 岩石力学与工程
学报,2006,25(01):40-46.

[49] 沈振中,徐志英. V 形河谷中非均匀土石坝振动的简化分析.水利学报,2002,(3):74-79.

[50] 孔宪京,张禾明.土石坝与地基地震反应分析的波动——剪切梁法.大连理工大学学报,1994,
34(2):173-179.

[51] 徐志英. V 形河谷内土石坝横向振动分析简化法. 河海大学学报:自然科学版,1994,22(5):
82-86.

[52] 尚守平,李刚,任慧. 剪切模量沿深度按指数规律增大的场地土的地震放大效应.工程力学,
2005,22(5):153-157.

[53] Gazetas G. Vertical oscillation of earth and rockfill dams:analysis and field observation. Soils
and Foundations,1981,21(4):56-68.

[54] 沈振中,徐志英. V 形河谷中土石坝垂直振动的近似解析. 河海大学学报,2002,30(2):85-89.

第5章 土工格栅的性能及其工程应用

5.1 土工格栅简介和特点

5.1.1 土工格栅简介

土的加筋概念其实早就被利用,只是到 20 世纪 60 年代,才由法国工程师维德尔将其提升到理论水平,并获得专利。维德尔最初推荐的加筋材是金属条带。1997 年在巴黎召开的后来被追认为第一届国际土工合成材料的学术会议上,人们对以聚合物为主的土工合成材料有了进一步认识,逐步用其取代金属材料,遂出现了不同形式的高强复合加筋带。由于加筋带在土中呈扇形分布,应力状态欠佳,加之它们与面板的连接容易破坏,目前用户已经较少。其后应用较多的是土工织物,尤其是有纺土工织物,现在仍然是加筋的主要材料之一[1,2]。20 世纪 60 年代,英国耐特龙公司的穆塞(Mercer)首创土工格栅,70 年代后期该公司率先推出了品牌称坦萨(Tensar)的土工格栅产品,即世界通称的塑料土工格栅。该产品迄今仍是国际上著名的土工格栅产品,也是国内外目前广泛采用的加筋材料品种。

顺便指出,早期我国有些单位曾计划从英国购进格栅生产设备,因索价过高,终未实现。1998 年 6 月,我国山东泰安一厂的广大工程技术人员通过刻苦攻关,自力更生,终于制造出我国第一台单向土工格栅生产线,稍后又制造出双向格栅生产线。

土工格栅(geogrid)是一种新型的岩土工程材料,它是将高密度聚乙(丙)烯或聚酯等高分子化合物挤压成薄片,形成有规则图案的网眼,在加热控制下拉伸成薄片,使杂乱的长链分子变得有序,从而提高聚合物的抗拉强度和刚度,根据需要可形成单向格栅、双向格栅及多功能格栅等形式。将土工格栅置于土体表层或各层土体之间,可以起到保护或加强土体的作用。由于其具有防渗、过滤、排水、防护、隔离、加筋和加固等多种功能,同时具有重量轻、易搬运、强度高、抗腐蚀、运输方便和价格低廉等优点,近年来被广泛应用于各类岩土工程,特别是在水利水电工程中的应用越来越广泛,其在不同的应用场合发挥着不同的功能。作为一种新型的加筋材料,土工格栅在很多应用方面的使用都已经超过了土工织物。

5.1.2 土工格栅特点

土工格栅网格均匀,具有完美的对称结构,可以保证荷载均匀传递;抗拉强度高、延伸率小,从而大大提高了加筋固土效应和承载力,其良好的抗蠕变性、高摩擦系数及强耐腐蚀性,保证了其使用的长期性和高性能。

(1)高分子呈定向线性状态并形成分布均匀、节点强度高的网状整体性结构。此种结构具有相当高的抗拉强度和刚性,给土壤提供了理想的力的承担和扩散的连锁系统。

(2)单向塑料土工格栅的突出优点是在长期持续载荷作用下变形(蠕变)的倾向很小,抗蠕变强度大大优于其他材料的土工格栅,对提高工程使用寿命具有重要作用。

(3)格栅网孔与土体之间的咬合和互锁作用,构成了一个高效的应力传递机构,使局部载荷能迅速有效地扩散到大面积的土体中去,从而降低局部破坏应力,提高工程使用寿命。

(4)土工格栅具有摩擦系数高、抗拉强度高的特性,可在短时间内承受较大荷载的作用,增快填筑速度并缩短工期。

5.2　土工格栅的分类

土工格栅分为塑料土工格栅(冲孔拉伸一体格栅,punched-stretched plastic geo-grids)、钢塑土工格栅(steel-plastic and plastic welded geogrids)、玻璃纤维土工格栅(glass fiber geogrids)和聚酯经编格栅(knitted geogrids)四大类。

5.2.1　塑料土工格栅(冲孔拉伸一体格栅)

塑料土工格栅由高密度聚乙烯(HDPE)和聚丙烯(PP)制成。前者用于单向格栅,后者用于双向格栅。

制造是将上述原材料通过塑化挤压成板材,冲孔、加热拉伸而成。单向格栅沿机器向拉伸,双向格栅沿机器向和横机向两个方向拉伸。拉伸使聚合物中随机分布的团状分子链沿拉伸方向重新定向排列呈直线状态,使该方向的拉伸强度大大增加,拉伸应变和蠕变明显降低,提高材料的力学性能。

PP 格栅的拉伸强度大,伸长率小;HDPE 格栅的拉伸强度小,伸长率大。但 PP材料的抗老化、抗氧化和蠕变性均比 HDPE 的要差,必须经过相应处理,如掺加碳黑等抗老化剂。单向格栅的拉伸强度为 25～110kN/m,如果有需要,可以提高;双向格栅的拉伸强度一般不大于 45kN/m。对应于拉伸强度,PP 格栅的伸长率在 10%以下,HDPE 格栅的在 12%以下,双向格栅的在 15%以下。为了发挥较好的加筋效果,要求在伸长率为 2%和 5%时即能调动筋材较大的拉伸力。

塑料格栅由板材冲孔,定向拉伸,形成长方形(单向拉伸)或近似正方形(双向)开孔网状结构,开口面积占总面积的 40%或以上,纵向肋条和横挡连接成牢固节点,始终保持几何稳定性。当填土粒料嵌固在开孔中与格栅发生相对位移时,横挡侧面产生被动阻力(咬合力),同时表面又有摩擦阻力,如图 5.1 所示,它构成了一种高效应力传递机制。

另外,坦萨公司近年还开发研制成 TX 系列的拉伸型三向土工格栅,如图 5.2 所示[3]。原材料为 PP,也是以板材冲孔后拉伸而成,开孔为三角形,肋条断面呈矩形。有趣的是,当将其与经编土工格栅、焊接双向格栅和拉伸双向格栅等分别进行加筋垫层载荷试验做比较时,发现 TX 的强度最小,承载力最大,变形模量也占优势,可能与开孔呈三角形有关。试验者为此认为,对格栅选型时,不能简单地以材料拉伸强度作为唯一设计指标。

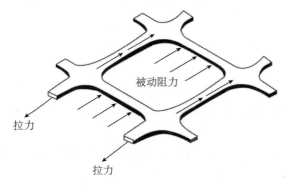

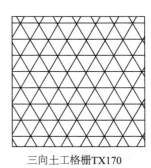

三向土工格栅TX170

图 5.1　作用于土工格栅横肋上的被动阻力　　　图 5.2　坦萨土工格栅 TX 新产品

5.2.2　钢塑土工格栅

钢塑格栅由多条钢塑复合加筋带,纵横按一定间距编排后,节点用热熔胶结法或超声、高频焊接法制成的高强网状平面结构。单条加筋带是以高强钢丝,经特殊处理,与聚丙烯和添加助剂通过挤压而成。带表面有粗糙压纹,单根拉伸强度甚高,但节点处粘合的是钢丝外的聚合物,而不是内部钢丝的固结。钢丝与外覆聚合物间的握裹力不大,受力时,外皮与内丝易相对滑移,节点稳定性欠佳,而且外露钢丝易锈蚀破坏。

钢塑格栅的特点是强度高、伸长率低、蠕变很小,如某厂产品规格如表 5.1 所示。此外,也有双向格栅,拉伸强度为 30~120kN/m,伸长率等于或低于 3%。

表 5.1　高强钢塑单向土工格栅性能指标

项　目	DG 30	DG 80	DG 100	DG 120	DG 150
拉伸强度/(kN/m)	≥30	≥80	≥100	≥120	≥150
破坏伸长率/%			≤3		
伸长率为1%时的拉伸力/(kN/m)	≥25	≥63	≥81	≥98	≥125

5.2.3　玻纤土工格栅

玻纤格栅是以玻璃纤维为基材,在经编机上织成格网后,按工艺要求浸以 PVC 或改性沥青而成的网状结构产品。玻纤的主要成分是无机材料的氧化硅,物理化学性能甚为稳定。强度高,伸长率很低(一般为 3%～4%),不产生蠕变,耐温性强(可达 300℃,其熔化温度甚至达 1000℃),能抵抗酸、碱、盐,不怕腐烂。但因其破坏应变低,具有脆性,抗弯抗折能力较低。另外,因其由编织法制成,节点容易错位,强度小,整体性能不如塑料土工格栅。因表面有沥青等包裹,与沥青混凝土的结合非常匹配。

玻纤格栅产品性能指标举例如表 5.2 所示。

表 5.2　玻纤土工格栅性能指标

性　能　＼　规　格		TGS 25 - 25	TGS 40 - 40	TGS 60 - 60	TGS 100 - 100	TGS 200 - 200	TGS 300 - 300	TGS 400 - 400	TGS 自检式
拉伸强度 /(kN/m)	纵向	25	40	60	100	200	300	400	50
	横向	25	40	60	100	200	300	400	50
破坏伸长率/%		≤3							
网格尺寸/mm×mm		12.7×12.7				25.4×25.4			
幅宽/m		1～6							

5.2.4　聚酯经编土工格栅

聚酯(涤纶)纤维经编格栅是以高强聚酯纤维为基材,经过经编定向编制和特殊工艺的浸胶涂敷而成的网状结构。节点用高强纤维长丝捆绑,形成牢固结构。该产品的拉伸强度很高,纵横向差异不大,伸长率较低,耐老化,耐磨损,耐腐蚀。

应引起注意的是,聚酯材料遇到酸、碱易于发生水解,要重视其与填土的共同作用,建议不用 9＜pH＜3 的土料。

聚酯经编土工格栅的产品指标举例如表 5.3 所示。

表 5.3　聚酯经编土工格栅性能指标

性　能　＼　规　格		PET 20 - 20	PET 40 - 40	PET 80 - 80	PET 140 - 140	PET 200 - 200	PET 400 - 400	PET 600 - 600
伸长率/%		13						
拉伸强度 /(kN/m)	纵向	20	40	80	140	200	400	600
	横向	20	40	80	140	200	400	600
网格尺寸/mm×mm		12.7×12.7		25.4×25.4		40×40		

此外,尚有所谓异型产品,即纵、横向拉伸强度不等的产品,但两向伸长率仍相同,为 13%。

5.3　土工格栅的性能指标

5.3.1　性能测试

土工合成材料的性能以定量指标表示。全国各行业的测试标准尚不完全统一，水利行业新颁布的《土工合成材料测试规程》(SL/T 235—2012)涉及材料的物理、力学、水力学和耐久性等约 30 项的试验方法，但有关土工格栅力学性能试验方面的内容尚不完全。

5.3.2　几种强度指标的含义

以下几项常见的强度指标应加区分。

(1)质控强度。是生产厂家生产时用于控制产品强度的指标。是一定温度下的短期强度，即产品出厂时的标称强度，应由生产厂提供。

(2)合格强度。购买方购得产品后自测或委托具有资质的单位测得的短期强度。是否合格，由设计单位评价认定。

(3)许可强度或设计强度。聚合物材料不同于一般建筑材料，产品制成后，在储存、运输、现场操作，乃至在工程中长期工作，都会经受外部和自身的各种影响，使强度下降，故由实验室实测得的短期强度，都要通过计及各种影响的折减，方能作为材料正常工作的设计强度。针对传统的塑料土工格栅，许可强度按式(5.1)计算[4]：

$$T_a = \frac{T_u}{RF_{CR} \cdot RF_{iD} \cdot RF_D} = \frac{T_u}{RF} \tag{5.1}$$

式中，T_u 为试验实测的合格短期强度；RF_{CR}、RF_{iD}、RF_D 分别为考虑材料蠕变、施工损伤和材料长期老化的强度折减系数；RF 为总折减系数，或称材料安全系数，以区别于一般稳定分析中的工程安全系数(K)。

以上各强度折减系数均大于1，可从《土工合成材料应用技术规范》(GB f0290—2014)中查用。考虑到所述影响最不利情况不可能同时出现，也为了节约材料，我国国标中规定总折减系数 $RF = 2.5 \sim 5.0$。

5.3.3　蠕变强度

蠕变强度 T_{CR} 指加筋材料在恒温(如 20℃)下长期(约 100 年)工作应变不超过某大小(如 10%)所对应的最大荷载。该值按材料的短期拉伸强度 T_u 用式(5.2)计算：

$$T_{CR} = \frac{T_u}{RF_{CR}} \tag{5.2}$$

确定 T_{CR} 要在恒温恒湿实验室内进行蠕变试验，在专门装置上进行。具体做法如下。

（1）取相同土工格栅试样 4 件，每件含纵向肋条 3 根、横挡 1 根，下端分别挂砝码，各为该格栅拉伸强度 T_u（本例为 52.4kg/m）的 20%、30%、40% 和 60% 的荷载。

（2）按下列时间间隔读记各试样的伸长值：$1'$、$2'$、$6'$、$10'$、$30'$、1h、2h、500h、1000h，直至试验结束。计算各试样在不同时刻的应变量 $\varepsilon = \Delta L / L_0$（其中 L_0 为试样初始计量长度和预张伸长量之和，预张伸长量是正式加荷之前在试样上施加的约为拉伸强度 1.25% 的预张荷载的伸长量，ΔL 为试样的伸长量）。该结果绘于图 5.3 中。

（3）从图 5.3 中读取不同荷载时的 1h、10h、… 的应变量，分别绘成 1h、10h、… 荷载-应变的等时曲线，如图 5.4 所示，并分别得到对应于 $\varepsilon = 10\%$ 的荷载值。

（4）根据图 5.4 绘制成图 5.5，连接图中 4 点，外延至 10^6h（约等于 114 年），相应的荷载率为 40%。故蠕变强度 $T_{CR} = 52.4 \times 40\% = 21.0$kg/m，对应的蠕变折减系数 $\mathrm{RF}_{CR} = \dfrac{52.5}{21.0} = 2.5$。

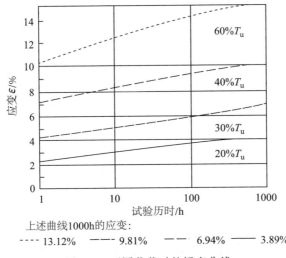

上述曲线1000h的应变：

---- 13.12%　—— 9.81%　— — 6.94%　—— 3.89%

图 5.3　不同荷载时的蠕变曲线

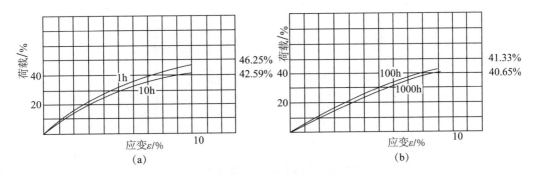

图 5.4　按图 5.3 整理成不同时间的荷载-应变等时曲线

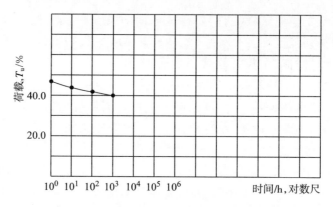

图 5.5　对应于应变 10% 的荷载-时间曲线

要特别强调,尽管两种筋材短期强度相同,但由于材质、配方和加工工艺相异,二者的蠕变强度可能相差较远。例如,Tensar 公司曾对初期强度 T_0 相近的 HDPE 和 PP 单向格栅求它们的蠕变强度,结果如表 5.4 和图 5.6 所示。

表 5.4　两种格栅蠕变试验成果对比

性能指标	HDPE 格栅	PP 格栅
单位面积质量/(kg/m^2)	0.29	~0.8
碳黑含量/%	>2.0	0.35
质控强度/(kN/m)	52.5	>50
长期强度/(kN/m)	20.7	6.0

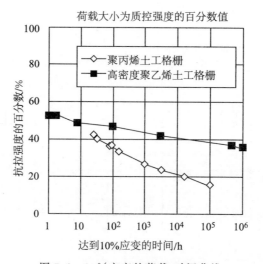

图 5.6　10% 应变的荷载-时间曲线

5.3.4 土工格栅的连接和节点强度

1. 土工格栅的连接

土工格栅的连接用连接棒,国外称 bodkin 棒。应用时将其插入两片相邻的弯曲互嵌的空间内,如图 5.7 所示。连接棒要求有足够断面和抗剪

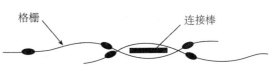

图 5.7 土工格栅连接棒

力,不要太大,以免使母材变形。接头受荷前要预拉,使二者互锁时减少错位。

2. 土工格栅的节点

加筋材料要求在小的拉伸应变时即能发挥较大拉伸力,故应具有较高的抗拉模量,这与其节点的稳定性和强度密切相关,但现有格栅的节点稳定性随其构造而不同。图 5.8 为几种格栅当开孔中嵌入粒料时的变形情况,可见,塑料格栅因其为整体结构,节点强度很高;编织型的(如钢塑格栅)的最差;聚酯经编的可能介于其间。美国 Drexel 大学曾做过强度节点试验,结果如表 5.5 所示。顺便指出,在欧洲 ISO 标准中,有类似于确定材料设计或许可强度的公式(5.1)中就包含考虑材料节点有效性的折减系数 f_j,并且对无面板挡墙取 $1.10\sim1.15$,对有面板挡墙取 $1.15\sim1.25$。

以上证明,节点的牢固与否,涉及筋材强度的安全取值,虽然我国技术规范对其尚无明确规定,但设计者在决定筋材设计强度时,应该重视该影响。

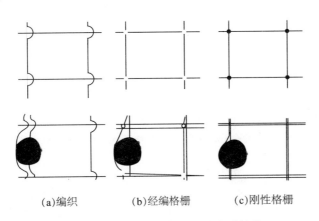

(a)编织 (b)经编格栅 (c)刚性格栅

图 5.8 不同土工格栅的开孔变形情况

表 5.5 节点强度比较

格栅类型	节点强度/单肋条强度
整体拉伸 Tensar 双向格栅	$90\%\sim100\%$
熔接节点双向格栅	$<10\%$
编织节点双向格栅	$3\%\sim13\%$

5.3.5　指标测试标准

加筋材的主要力学性能指标(如拉伸强度、伸长率等)要靠可靠的测试手段来提供,这涉及带源头性的标准问题。我国少数学者对此开展过较深入的研究[5],得知现行的几种土工格栅的拉伸试验标准并不一致,如表5.6所示,同种试样按不同标准得到的结果存在差异。另外,经编土工格栅至今还没有专门的测试标准。比较研究指出,对于格栅的性能测试,试样夹持方式、标定距离、拉伸速率等都对结果产生影响。

表 5.6　我国现行的土工格栅拉伸性能测试标准[5]

现行测试规程、标准	适用对象	主要测试要点
土工合成材料 塑料土工格栅 (GB/T 7689—2008)	塑料土工格栅	1. 试样的制备可采用单肋法或多肋法 2. 以试样夹具间距离的20%/min作为拉伸速率 3. 应施加试样标称强度1%的预拉力
玻璃纤维土工格栅 (GB/T 21825—2008) (JC 839.1—1998)	玻璃纤维 土工格栅	1. 试样长为350mm的单组纱 2. 夹具间距为200mm,拉伸速率为100mm/min 3. 应施加(2.0±0.2)cN/tex的预拉力
交通工程土工合成材料 土工格栅(JT/T 480—2002) 公路工程土工合成材料 试验规程(JTG E50—2006)	各类土工格栅	1. 按JT/T 480—2002应采用宽条法,按JTG E50—2006可采用宽条法或条带单筋法 2. 初始夹具距离为100mm,拉伸速率为标定夹持长度的(20%±1%)/min 3. 预张力相当于最大负荷的1%
土工合成材料测试规程 (SL/T 235—1999)	各类土工格栅	1. 试样制备分双向形和单向形,根据图形规定采样 2. 拉伸速率为计量长度的20%/min 3. 未规定预张力

此外,本章中将实验室测得的短期强度转化为设计强度的公式(5.1)是针对聚合物塑料土工格栅给出的,对于经编格栅、玻纤格栅和钢塑格栅等应该考虑更合适的强度折减系数。

5.4　土工格栅的工程特性

土工格栅的工程特性主要包括以下几个方面:①物理特性——质量、厚度、栅孔尺寸、肋宽等;②力学特性——张拉特性、剪切特性、拉拔特性;③耐久性——蠕变、施工损伤;④老化。

5.4.1　土工格栅的物理特性

土工格栅的物理性质包括可以直观观测或量测的性质,如肋条尺寸、节点类型、栅孔尺寸等;还包括需依据不同的测试标准分别试验测试的性质,如密度、单位面积重量、开孔面积百分比、平面内抗扭刚度及平面外抗弯刚度等。

土工格栅由横肋(transverse bars)、纵肋(longitudinal ribs)及栅孔(apertures)组成,外形均匀,表面平整光泽,明显有碳黑光泽。与土工织物和土工膜等其他土工合成材料相比,土工格栅呈网状结构,网孔尺寸大且稳定性好,平面内抗扭刚度和平面外抗弯刚度大;节点处厚度远大于肋条厚度,肋条较粗、强度高,不易发生网孔断裂现象,大大提高了抗尖石刺破能力,抗冲击性强,降低了加筋结构对填土材料性质的要求;便于现场裁剪、连接和重叠搭接,提高与扩大了土工格栅的适应能力与应用范围。

5.4.2　土工格栅的力学特性

1. 抗拉强度

评价一种格栅的抗拉强度,需要测试三个方面的内容:肋条抗拉强度、节点抗拉强度和格栅宽幅抗拉强度。首先将土工格栅试样的单个肋条进行张拉至破坏,观察记录破坏时的性状。然后沿远离横向肋条的方向张拉与之垂直的纵向肋条,以评价格栅与这两个肋条相交节点的强度。如 ASTM D6637 规定,单个肋条的抗拉强度试验是在张拉仪上以特定的速率拉伸肋条至破坏。对于单向土工格栅,仅需测定纵向肋条的抗拉强度;对于双向土工格栅,需同时测定纵横向肋条的抗拉强度。而节点的抗拉强度试验是以锚具锚固与测试节点直接相连的纵向肋条和横向肋条进行张拉至破坏。

测定格栅的宽幅抗拉强度的仪器与单个肋条相同,但测试的格栅试样为长度和宽度方向含特定数目肋条的格栅单元。格栅的宽幅张拉强度与格栅的原材料、聚合物的分子结构、肋条间距等因素有关。可按 ASTM D6637 或按 ISO 10319 规定的方法测试。ASTM D6637 规定了格栅试样的最小宽度和长度、锚固机理、张拉速率和测定格栅变形的方法。而 ISO 10319 的格栅试样的长宽是指定的,格栅的变形以外部量测系统进行量测。因三角形土工格栅刚刚进入市场,还没有专门的规范方法测定三角形土工格栅的抗拉强度。

单向土工格栅的网格根据格栅的强度按 1∶7 或 1∶8 进行单向拉伸,栅孔为长孔形,肋条一般比双向格栅的肋条宽,因而单向格栅抗拉强度较高,多用于路堤、陡坡、桥台、堤坝等具有平面应变特征的加筋土工程中。

双向土工格栅的网格以两个相互垂直方向进行拉伸,强度比单向土工格栅低,栅孔呈规则的正方形或矩形,单位面积开孔率更大,使得与填料间的咬合或互锁作用更为显著;纵横双向受力,但其他方向相对较弱,一般在地基和路基加筋工程中应用较多。

三角形土工格栅的网格同时以相互成 60° 的方向拉伸,强度与双向土工格栅相似,栅孔呈规则的三角形,栅孔结构更加稳定;肋条截面均为规则的矩形,为格栅与填料提供了更加有效的承载面;可沿 360°方向受力,提供更均匀的约束;与双向土工格栅相比,在提供同样的约束荷载时,格栅的重量比双向土工格栅轻,从而节省了材料,降低了造价。三角形土工格栅可在与双向土工格栅类似的范围内使用,但因其刚引入市场不久,其应用范围有待进一步扩大。

2. 界面剪切强度

评价土工格栅界面特性的试验方法之一是采用常规的直剪试验。在试验中,特定尺寸的土工格栅试样固定在剪切盒的上盒,然后在法向应力作用下,沿静止不动的下盒匀速滑动,记录最大剪应力和剪切强度。在不同的法向应力作用下重复试验,然后绘制出 τ-σ 数据点,所得的趋势线即为莫尔-库仑破坏包线。从绘制的图表上,可以得到土工格栅加筋土的似黏聚力和内摩擦角。

3. 拉拔强度

拉拔强度(或称为锚固强度)远大于剪切强度是土工格栅特有的优点。双向土工格栅的拉拔强度由三个相互独立的剪切强度共同组成,分别为土工格栅纵向肋条的上下面的剪切强度、土工格栅横向肋条上下面的剪切强度、格栅横向肋条前的主动阻力。

5.4.3　土工格栅的强度劣化

所有的高分子材料(或制品)在使用时,由于会暴露于阳光、风雨、高温、严寒等各种各样的环境中,随时间推移会引起物理及化学变化,从而使性能逐渐下降,不能使用。

当土工格栅应用于实际工程时,在实现一定设计功能要求的条件下,土工格栅也必须服务一定的年限,耐久性问题是所需考虑的首要问题。耐久性是指在一定的环境条件下,材料的工程特性(如物理和化学性能)随时间增加所具有的稳定性。事实上,影响土工合成材料耐久性的因素有许多,如高分子材料的类型和性能、添加剂、产品的几何形状和加工过程等。经过长期的摸索,科学地总结出可能引起产品性能变差的因素包括如下几点:紫外线降解、热氧化降解、化学腐蚀、微生物腐蚀等。

综合来说,引起土工格栅强度劣化的因素主要包括以下几个方面。

1. 施工损伤

土工格栅现场施工时,需要仔细的计划和高度的注意。施工时重型机械的使用和铺设时的注意力不足,均会导致土工格栅在施工过程中损伤,从而引起格栅强度的损失。

土工格栅上层覆土铺设前,其他不确定性因素(如重物落下等偶然事件的发生)也可引起土工格栅的损伤。

2. 老化

所有类型的土工格栅用于加固永久建筑物时,均有必要考虑材料老化的影响。

所谓老化是指高分子聚合物材料在加工、储存和使用过程中,受内外因素的影响,其工程特性逐渐变坏的现象。与土工格栅老化有关的因素主要有温度影响、氧化作用、水解作用、化学侵蚀作用、放射性作用、生物侵蚀、紫外线照射作用等。

(1)温度影响。在特定温度范围内,温度对土工格栅性能的影响不大。一旦超过特定的温度范围,过高的温度会加快应变增加的速度,引起应力松弛。因此,在实际工程应用时,需实际测量场地内的温度。

(2)氧化作用。虽然所有的聚合物分子都会与氧气反应引起降解,但一般以聚丙烯和聚乙烯为原料制成的土工格栅对氧化作用的反应更为敏感。

(3)水解作用。水解作用通过与内外部纤维的反应引起材料老化。

(4)化学侵蚀作用。制成土工格栅的聚合物可以抵抗一定范围内的化学物质侵蚀,但在化学物质较多的场地使用土工格栅加筋结构时,需要在场地环境下对土工格栅进行专门测试。

(5)放射性作用。低放射性或混有放射性物质的材料不会对土工格栅的性能产生影响,只有高放射性物质直接作用于土工格栅时才会引起格栅性质的变化。

(6)生物作用。微生物如细菌、真菌等有机物只有附着在聚合物纤维上时,才有可能分解聚合物,但土工格栅中添加的树脂高分子紧密分子链结构阻碍了微生物的进入。

(7)紫外线照射作用。阳光是引起土工格栅老化的一个重要的因素之一。作为一种高分子聚合物材料,紫外线照射可以随时间的增加引起土工格栅内高分子结构的降解,进而产生老化现象。虽然土工格栅抗紫外线照射的时间比土工布长,对未覆盖的土工格栅建议最大暴露时间为 30 天。

3. 蠕变性能

蠕变是指在一定的温度和恒定外力(拉力、压力或扭力等)作用下,材料的变形随时间的增加而逐渐增大的现象。在土工格栅的应用过程中,它在土体中长期受到稳定拉力的作用,这决定了它的使用过程是一个长期蠕变的过程。而在这种力的作用下,随着时间的推移,土工格栅表现出的抗拉强度值与拉伸试验时所表现出的强度值并不一致,而且不同材质所表现出的结果有很大的差异。因此,土工格栅在长期的蠕变过程中,可能出现如下两种情况:①格栅的应变超过规定值而不能发挥其应有的加筋增强作用,使加筋结构变形过大;②随着蠕变的进行,格栅因其拉伸屈服强度下降而断裂,引起加筋结构的破坏。格栅的蠕变性能是表征其长期性能的一个非常重要的指标。

通过以上分析可见,土工格栅在实际使用中由于蠕变、老化以及施工损伤等因素,其容许强度往往低于由试验所测得的格栅强度(即极限强度),因此需要采用分项系数对极限强度进行折减。

5.5　土工格栅的工作机理

土工格栅是如何起加筋作用的,现以单向格栅(图 5.9)为例。

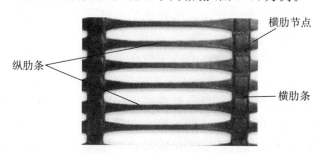

图 5.9　单向格栅的结构

格栅对土体的加筋作用来自于格栅对土的摩阻力,它约束了土颗粒的移动。该摩阻力由三部分组成:纵肋条与土的摩擦力、横肋条与土的摩擦力及横肋条(包括横肋节点)与土的咬合力。前两者取决于纵、横肋条的面积和筋材与土之间界面的摩擦系数;而后者除与土粒粒径组成有关,主要取决于横肋及其节点的面积、厚度及横截面的形状(横肋节点的厚度往往大于横肋条的厚度)[6,7]。试验表明,在刚开始受力时,土体变形不大(土粒移动不大),此时,摩擦力占摩阻力的主要部分,但随着变形的增大,咬合力很快显露,当达到峰值时,咬合力就是主要部分了(可能达 80％以上),而摩擦力则占较小的份额。可见,如何使格栅具有较大的咬合力,是土工格栅设计的主要原则之一。格栅的这种工作机理可以从 Palmeira[8] 的研究中得到说明,如图 5.10 所示。Dyer 采用光弹法观察加筋格栅承荷杆件周围的应力分布情况的光弹试验也证实了这种分析,如图 5.11 所示。

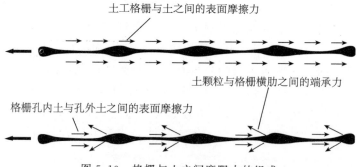

图 5.10　格栅与土之间摩阻力的组成

横肋的咬合力扰动了界面及界面两侧一定范围土体内的颗粒,促使它们移动、滚动、错动甚至剪破,于是就产生了抗力,导致加筋土体强度的提高。由此可知,筋材加筋的机理不仅是界面摩擦的直接影响,而且更由于界面上下一定厚度的土体被调动

而造成的间接加固作用。从坦萨公司设计
的土工格栅的形式不难看出其中的用心。
横肋之间保持一定距离,是为了防止各个横
肋的影响范围互相干扰而设定的。在每条
横肋的影响范围互不干扰的情况下,横肋的
间距小些,格栅的总咬合力就会大些。因此

图 5.11 格栅周围应力分布的光弹照片

如果格栅的强度满足,双向格栅可能会比单向格栅具有更好的加筋效果。汪明远[9]
采用膨胀土的试验表明,与单向格栅相比,在其他条件相同的情况下,双向格栅的似
黏聚力和摩擦角较大,而且摩擦角的影响更显著,如表 5.7 所示。各类格栅的几何特
性及力学指标如表 5.8 和表 5.9 所示。

表 5.7 土工格栅类型对界面参数的影响

土工格栅	含水量/%	干密度/(g/cm³)	似黏聚力/kPa	摩擦角/(°)	切向刚度/(kN/m³)
PE50 单向	18.0	1.65	5.6	2.2	8500~9500
PET 双向			12.6	≥4.7	4500~5000
PE50 单向	14.0	1.65	19.0	1.8	2500~3500
PET 双向			20.0	5.7~9.2	22000~25000
PP 双向			20.0	>9.0	9000~10000

表 5.8 土工格栅的力学指标

土工格栅 类型	拉伸强度 /(kN/m)	延伸率 /%	2%伸长率的荷载 /(kN/m)	5%伸长率的荷载 /(kN/m)	弹性模量 /MPa
PE50 单向	52	10~12	16	30	450~500
PP 双向	40	7~8	20	35	430~440
PET 双向	65	8~10	25	50	500~650

表 5.9 土工格栅的几何尺寸

土工格栅 型号	网格尺寸/mm		纵肋/mm		横肋/mm	
	长(纵向)	宽(横向)	厚	宽	厚	宽
PE50	231.0	17.10	0.91	5.72	2.55	16.97
PP 双向	40.52	41.26	2.00	5.04	2.50	4.04
PET 双向	57.5	60.0	1.22	10.34	1.22	12.51

从上面的叙述还可以想到,格栅的厚度对加筋效果也会有很大的影响。以 PE80
(1)和 PE80(2)的对比可知,两者的拉拔力相差 30% 以上,如图 5.12 和表 5.10
所示。

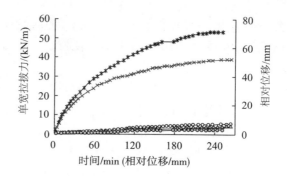

图 5.12　两种土工格栅的拉拔力与筋土相对位移关系曲线

表 5.10　两种 HDPE80 单向拉伸土工格栅的几何尺寸

土工格栅	网格尺寸/mm		纵肋/mm		横肋/mm	
型号	长(纵向)	宽(横向)	厚	宽	厚	宽
PE80(1)	265.4	16.65	0.84	5.70	4.16	17.26
PE80(2)	232.0	17.10	1.68	5.72	4.12	16.54

鉴于上述,坦萨公司在土工格栅使用 30 来年后,于 2009 年又研究出另一形式的、认为有"革命性变化"的三向土工格栅(Triaxial),如图 5.13 和图 5.14 所示。新型格栅的特点是各方向模量很均匀,抗拉刚度更大,横肋的断面形状也有所改变。

图 5.13　三向土工格栅

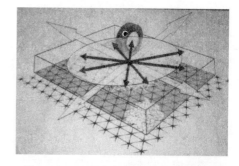

图 5.14　三向土工格栅径向拉伸模量

从格栅的工作机理可见,格栅的形式是可以不断改进的,工程中应当选择最优的形式,不要总是不加选择地使用"常见"的单向格栅。

5.6　土工格栅的选型

土工格栅优选的办法是：①根据已掌握的各类土工格栅的最显著特点（拉伸强度、模量、伸长率、长期变形、耐磨性、操作安全性等），对比加筋工程要求的条件，参照已建工程经验，初选一种合适的加筋材；②针对初选材料，琢磨它会不会对加筋工程带来某种不利影响，该影响能否被克服，如果不能克服，需另选别种材料；③评价利用该种材料，包括施工费用在内，是否符合经济原则，并加以裁定。

针对前面介绍的几种土工格栅，汇总它们的一些主要特点，结合常见的许多加筋工程，提出对应建议供参考，如表 5.11 所示。

表 5.11　常用土工格栅应用举例

加　筋　材　料品　种　名　称	显著特性	工程应用	补充说明
土工格栅　塑料拉伸土工格栅	强度大，伸长率低，摩阻力高，整体性好，节点稳定，耐久性好	加筋土挡墙；加筋土坡；增强路基；软基垫层底筋；结合混凝土喷锚护坡；桩网结构	广泛用于加筋挡墙和加筋陡坡
钢塑土工格栅	强度很大，伸长率很低，节点强度低	加筋土挡墙；软基垫层底筋；房屋地基加固	注意筋材节点强度差
玻纤土工格栅	物理化学性稳定，强度很大，伸长率很低，无蠕变，耐高温，与沥青相容性好	增强沥青混凝土路面；延缓或防止沥青路面反射裂缝	不宜用于铁路路基，因填料粒径大，易损格栅；材料性脆，不抗弯曲，限制变形
聚酯经编土工格栅	强度很大，伸长率很低，纵横强度接近，耐磨损，抗酸、碱能力差	路基、地基补强；边坡防护	注意土填料不得含高酸、碱元素；用于要求变形小的情况

5.7　土工格栅的施工

5.7.1　土工格栅的施工要求

（1）材料铺设。土工格栅的铺设是在填筑层碾压施工结束后进行的，铺设面应压实平整，要求平整度不大于 15mm，表面严禁有碎石、块石等坚硬突起物。土工格栅应平铺、拉直，不能有褶皱，尽量张紧，然后用插钉及土石压重固定，不得重叠、卷曲、扭结。土工格栅的铺设应将主受力方向（纵向）与坝轴线正交，横向平行于坝轴线。

土工格栅幅与幅之间的连接若采用绑扎，搭接宽度应不小于 15cm，一般每隔 10～15cm 应有一个绑扎点，受力方向至少有两个绑扎点。格栅铺设定位后应及时填料覆盖,裸露时间一般不得超过 48h,亦可采取边铺设、边回填流水作业法。

(2)坝壳料的摊铺、压实。坝体填料最大粒径以不超过分层厚度的 2/3 为宜。当格栅铺好后,先在两端摊铺填料,将格栅固定,再向中部推进。碾压时第一遍先轻压,从格栅中部逐步压向尾部,再碾压靠近坝坡部位,碾压时压轮不能直接与格栅接触,轻压后再全面碾压。

(3)铺设搭接后的质量检测。土工格栅铺设完成后首先进行自检,其质量要求如表 5.12 所示。

表 5.12　土工格栅铺设质量要求

序　号	项　目	施工质量要求	检查方法和频率
1	铺设层平整度	15mm	每 200m 检查 4 处
2	纵向搭接宽度	15cm	抽查 2%
3	横向搭接宽度	≥30cm	抽查 2%
4	搭接缝错开距离	≥50cm	抽查 2%

5.7.2　土工格栅的施工工艺

土工格栅铺设施工工艺流程为:基础面整平→土工格栅铺设→搭接、绑扎、固定→检查验收→坝料填筑→端头包裹处理[10]。

(1)基础面整平。按照设计图纸要求,测量队跟进测量放线精确测放出土工格栅铺设范围边界线、严格控制高程及平整度,铺设面整平后,采用 18t 振动碾按照坝体填筑参数要求进行碾压。

(2)土工格栅铺设。考虑到心墙区填筑道路正常运行的要求,上下游堆石区土工格栅铺设采取分左右两区进行。测量队按照设计图纸进行铺设桩号放线。杜绝一切施工车辆和施工机械行驶或停放在已铺好的土工格栅上,施工中随时检查土工格栅的质量,当发现有折损、刺破、撕裂等损坏时,视程度修补或更换。

(3)搭接连接。按照一般设计铺设时,应沿上、下游坝坡面留出一定的包裹长度,在格栅上层堆石填筑完成后,清理并平整坡面,沿坡面进行包裹并与上层格栅搭接,搭接长度不小于 3m,现场施工中坡面的土工格栅容易被填筑料破坏,不能保证土工格栅的施工质量,也不能保证坡面位置的碾压质量。因此,也可对土工格栅的搭接进行优化设计,前一层土工格栅搭接面处预留 3m 宽(暂不进行填筑覆盖),后一层土工格栅延伸至前一层土工格栅并与其搭接,搭接宽度为 3m。搭接完毕之后再在搭接处进行填筑施工。其优点在于,既能满足搭接的规范要求,又能保证坡面位置的碾压质量达到规范要求。

(4)土工格栅验收。按垂直坝轴线方向,每半区铺设完成后进行验收,质量检验内容包括土工格栅铺设的长度、宽度、均匀程度、平展度、连接方式、外观质量等,检测点应相互错开,随机选定,检测结果应满足坝体填筑指标。

(5)坝料填筑。土工格栅验收合格后,应及时进行坝料填筑,避免土工格栅长时间暴晒。坝料中的块体的最大块径以不超过分层厚度的 2/3 为宜。当格栅铺好后,先在两端摊铺填料,将格栅固定,再向中部推进。严禁车辆、机械在铺设好的土工格栅上行走。

(6)端头包裹处理。用反铲每 2m 修坡一次,修坡完毕后,将预留土工格栅向上翻转,预留段水平搭接长度为 3m。

5.7.3　施工中的注意事项

(1)土工格栅的保管。土工格栅是一种土工合成材料,遇紫外线易老化,因此,土工格栅应堆放在通风遮光的室内,累计堆放时间不超过 3 个月,否则必须重新检测;铺设时应注意缩短太阳光直接照射的时间,施工时暴露的总时间以一个台班为宜,同时做好防火工作。不同型号的塑料土工格栅应分开堆放,并在土工格栅上标上各自不同的明显标记,以防止混用。

(2)土工格栅的质量管理。在选择原材料时,必须严格按照设计要求采用;对进入现场的材料必须进行现场检测,待其各项性能指标均合格后方可施工。一般应选择有正规资质的大型生产厂家,同时要求厂家提供土工格栅长期蠕变断裂强度指标、抗老化性能指标、最小碳黑含量(不小于 2%)以及一级权威机构的合格鉴定。

(3)土工格栅的施工。为避免格栅在施工中受到损伤,推土机履带与土工格栅之间应保持有足够厚度的填筑层;在邻近结构面的 2m 范围内,建议用总质量不超过 20t 的振动碾进行碾压作业。填筑过程中,应防止土工格栅移动,必要时采用张拉梁通过格栅网孔对土工格栅施以 5kN 的预应力,以抵消填筑层压缩位移的影响。

5.8　土工格栅的工程应用

土工格栅作为一种新兴的土工合成材料,因其具有施工方便、工期较短、抗拉强度高、延伸率低、造价较低等优点,在土木工程中得到了广泛应用,目前国内已在铁路、公路、机场、水利水电、港口等方面应用。主要用途是改善土体的工程性能,起到加固和稳定土体的作用。土工格栅用于水利水电大坝工程,并且作为土石坝抗震体系的主要组成部分。

5.8.1　挡土墙和加筋土工程

土工格栅加筋挡土墙和桥台主要由基础、单向格栅、面板和填料等部分构成。这两种工程的主要特点有:施工工序少,施工技术简单,施工不需要特殊机械,工期短;所形成的加筋体是柔性结构体,可以较短时间内发挥加筋作用,较好地适应地基变形,抵抗地震作用;模块式面板可根据需要构思出各种图案,与周围环境、相邻建筑物、桥梁等相协调,可以形成造型各异、形式新颖的城市景观,满足美观性需求。

5.8.2　陡坡工程

土工格栅加筋土边坡主要由土工格栅、面层和填料三部分组成。当天然土坡或人工填筑的铁路、公路路堤及挡水土坝、土堤边坡、建筑场地受到限制需要设置较陡的边坡时,可在坡体内或整个土坡内成层铺设土工格栅加筋层,形成土工格栅加筋土坡。水平加筋层可以限制土体的侧向位移;土工格栅的栅孔结构有利于植被的生长,防止边坡表面土的冲刷、坍塌;加筋土边坡的植被坡面可以与自然融为一体,比挡墙结构更加美观,但需注意坡面植被的养护问题。

5.8.3　软土地基处理

对于一般的软土地基,可以直接铺设土工格栅以提高地基的承载力,均化不均匀沉降;对于特别湿软的地基,可以结合传统地基处理方法(换填、桩基、挤密排水等),将基础下一足范围内的软弱土层挖去,然后逐层铺设土工格栅与填料等组成的加筋垫层来作为地基持力层,约束地基土的侧向变形,提高地基的承载力和抗剪强度,减少地基的不均匀沉降,延缓地基土的沉降速度,改善地基土的压缩性;节省填料,缩短工期,降低工程造价。软地基加固的主要领域有:公路、铁路、岸堤、陡坡、挡土墙、港口道路及承重坪、飞机场跑道及多层建筑物下的基础加筋;临时便道建设和高等级运动场跑道基础加筋等。

5.8.4　道路工程

土工格栅加筋路堤是在路堤和地基(通常是软土地基)组成的土工结构的适当位置加入具有抗拉性能的土工格栅,从而组成的一种加筋土结构系统,它是国际土工界在近几十年发展起来的新结构。由于土与加筋材料之间的摩擦作用,加筋路堤形成了稳定的整体复合结构。用一层或几层土工格栅沿堤基铺设,可以提高路堤和地基的稳定性,减小路堤的水平位移和基底的沉降差,同时可以防止填土与软弱地基相混合,具有经济和施工方便的优点,且可与其他处理方法综合使用。

土工格栅在道路工程中的应用主要指在铺筑或未铺筑路面基层上设置一层土工格栅界面层,其上再铺设设计厚度的面层,可以有效防止基层裂缝反射、减小路而车辙、延长路面寿命。

5.8.5　大坝工程

近年来,我国西部地区拟建的高土石坝越来越多,但由于西部地区地质条件复杂、地震频繁且强度高,高土石坝的抗震安全是工程设计关注的主要问题之一。土石坝震害实例、振动台模型试验及地震动力反应分析均表明,坝体上部 1/5～1/4 坝高范围坝体的地震动力反应较大,是土石坝抗震设计防护的主要部位。在高心墙堆石坝抗震设计中,对坝体上部 1/5～1/4 坝高范围进行抗震加固是目前高土石坝抗震设计的主要措施。借鉴土工格栅加筋技术,对坝顶堆石进行加筋,依靠筋材与堆石体之间的摩擦和嵌锁咬合作用传递拉应力,增加堆石体的变形模量,改善加筋堆石复合体的抗剪强度和变形特性,以提高堆石的整体性及抗震稳定性[11]。

自 1986 年首次在 Cascade 土石坝上铺设土工格栅进行坝顶抗震加固以来,采用土工格栅材料进行坝顶加筋防震已成为目前高土石坝抗震加固设计的主要方法之一。近年来,已建的 108m 高的水牛家碎石土心墙堆石坝、124.5m 高的冶勒沥青混凝土心墙堆石坝、125.5m 高的跷碛砾石土心墙堆石坝、136m 高的狮子坪碎石土心墙堆石坝、160m 高的青峰岭水库主坝加固工程、186m 高的瀑布沟砾石土心墙堆石坝和拟建的 240m 高的长河坝心墙堆石坝等均采用土工格栅堆石加筋技术进行坝顶抗震加固[12]。

由于土工格栅的铺设受气候环境的影响小,施工简捷、快速,且对堆石坝的填筑施工进度影响很小、土工格栅在水牛家碎石土心墙堆石坝、冶勒沥青混凝土心墙堆石坝、跷碛砾石土心墙堆石坝、狮子坪碎石土心墙堆石坝以及瀑布沟砾石土心墙堆石坝中成功应用,为高堆石坝坝顶抗震设计和计算创造了良好的开头;但目前关于土工格栅与堆石体之间的作用机理、抗震效果、材料抗变形特性等尚未得到清楚的认识,计算分析方法欠完善和成熟,现场监测资料更少,设计理论与方法还不能满足工程建设的需要。

参 考 文 献

[1]《土工合成材料工程应用手册》编委会. 土工合成材料工程应用手册. 2 版. 北京:中国建筑工业出版社,2000.

[2] 王正宏. 加筋土材料特性和设计参数选择. 第三届全国土工合成材料加筋土学术研讨会论文集. 南京,2011.

[3] 何波,丁金华. 不同类型格栅加筋垫层的载荷试验研究//杨广庆. 土工合成材料加筋——机遇与挑战. 北京:中国铁道出版社,2009.

[4] 中华人民共和国国家标准. 土工合成材料应用技术规范(GB 50290—2014). 北京:中国计划出版社,2015.

[5] 陈莺,陈文亮,孙从炎. 经编土工格栅拉伸性能测试中存在的问题及拉伸性能试验研究. 第四届中国土工合成材料测试技术研讨会论文集. 上海,2010.

[6] Wilson-Fahmy R F,Koerner R M,Sansone L J. Experimental behavior of polimeric geogrids in pullout. Journal of Geotechnical Engineering,1994,120(4):661-677.

[7] 包承纲. 土工合成材料应用原理与工程实践. 北京:中国水利水电出版社,2008.

［8］ Palmeira E M. Soil-Geosynthetics interaction：Modelling and analysis. Mercer Lecture 2007-2008,2007.

［9］ 汪明远.土工格栅与膨胀土的界面特性及加筋机理研究.杭州：浙江大学博士学位论文,2009.

［10］ 李光涛,谭劲.土工格栅在泸定水电站大坝中的应用.水力发电,2012,38(1):57-58.

［11］ 冉从勇,喻畅.浅谈土工格栅在高心墙堆石坝抗震设计中的应用.水电站设计,2011,27(2):11-15.

［12］ 李红军,迟世春,林皋.高心墙堆石坝坝坡加筋抗震稳定分析.岩土工程学报,2007,29(12):1881-1887.

第6章　加筋土石坝地震变形安全防控

土石坝震害实例、振动台模型试验及地震动力反应分析表明,坝体上部1/5～1/4坝高范围内坝体的地震动力反应较大。土石坝在地震荷载作用下致使坝顶区域土体松动,堆石体颗粒之间咬合力丧失,坝顶出现一些纵、横向裂缝,严重时将发生大面积滑坡,引发库水漫顶导致溃坝灾难的发生。因此,高土石坝顶部区域在地震荷载作用下的抗震稳定性是土石坝抗震设计的重要工作之一。目前土石坝抗震加固方法一般包括放缓坝坡、加宽坝顶和在坝体上部区域布置筋材构成加筋复合体结构三种。在上述抗震加固方法中,减缓坝坡和加宽坝顶固然可有效提高坝体的稳定性,但势必会增大坝体断面,致使工程投资大幅增加。相对而言,采用加筋措施进行抗震加固可以较小的经济代价换取坝体整体稳定性的显著改善,且可防止在振动过程中表层堆石体的松动或滑落。但如何对坝顶堆石进行加筋抗震加固以及对加筋后的抗震效果如何准确评价,是目前工程界广为关注的问题。

初期采用加筋方案加固的岩土工程多采用金属材料作为加筋材料,但因其在潮湿环境下容易腐蚀,导致加筋作用部分或完全丧失。因此,寻找更为长久耐用的加筋材料成为岩土工程界关注的焦点之一。近年来,土工合成材料作为一种加筋材料,以其强度高、耐腐蚀、柔性好等特点被广泛应用于软基加固、堤防、高速公路、铁道和挡土墙等土工结构加固工程中,取得了良好的工程效果与经济效益[1-3]。其中,土工格栅作为特种土工合成材料,由于其良好的结构稳定性、耐冲击性及便于施工等显著特点而被广泛应用于土石坝坝顶加固,以提高坝体的整体性和坝顶的抗震稳定性,其结构形状如图6.1所示。自1986年首次在Cascade土石坝上铺设土工格栅进行坝顶抗震加固以来,采用土工格栅材料进行坝顶加筋防震已成为目前高土石坝抗震加固设计的主要方法之一。近年来,已建的108m高的水牛家碎石土心墙堆石坝,160m高的青峰岭水库主坝加固工程[4]、125m高的冶勒沥青混凝土心墙堆石坝[5]、125.5m高的硗碛砾石土心墙堆石坝、136m高的狮子坪碎石土心

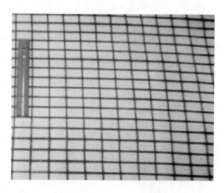

图6.1　土工格栅

墙堆石坝、186m高的瀑布沟心墙堆石坝和拟建的240m高的长河坝心墙堆石坝等[6]均已采用或拟采用土工格栅堆石加筋技术进行坝顶抗震加固。土工格栅加筋堆石体结构依靠土工格栅与堆石体之间的摩擦和嵌锁咬合作用传递拉应力,增加堆石体的

变形模量,改善加筋堆石复合体的抗剪强度和变形特性,从而达到加固坝顶的目的。然而,目前关于堆石体加筋复合体结构中格栅与堆石体之间的作用机理尚未得到清楚的认识,设计理论与方法还不能满足工程需要。另外,现阶段普遍采用的评价加筋后堆石坝坝顶抗震稳定性的拟静力最小安全系数法,无法反映坝体的动力特性、变形特性及地震输入特性,且得到的最小安全系数结果不能定量反映坝体抗震的安全度,而基于地震变形控制的土石坝抗震设计是未来的发展方向。以 240m 高的长河坝心墙堆石坝为例,采用改进的“解耦型”Newmark 滑块位移法[7]对加筋复合体结构改善高坝坝坡的抗震稳定性、限制高土石坝地震变形和堆石加筋的工程效果进行了深入的研究和探讨,得到了一些有益的结论。

(1)与传统的纤维加筋土相比,堆石体加筋复合体中土工格栅与堆石体等粗粒料的界面接触效率较高,联锁作用较强,允许的协调应变范围较大(可达 8%),加筋效果显著,可有效地改善高土石坝坝顶部分的抗震性能,减少地震变形最高达 80%。

(2)堆石体加筋复合体中筋材与堆石料之间相互作用机理和破坏形式的研究是高土石坝加筋结构抗震稳定分析的关键,准黏聚力和摩擦加筋机理分别从宏观和细观角度反映筋材的加固机理。

(3)相对于传统的采用最小安全系数衡量土工格栅的抗震加固效果而言,地震滑移量不仅可直接对加筋土工结构进行有效的变形控制,而且可定量地衡量筋材对土体结构抗震稳定性及承载能力的改善效果。

6.1　加筋土石坝抗震稳定分析

6.1.1　加筋的必要性

在土体中加入一定高抗拉强度的材料(人工材料或天然材料),凭借这些材料与土之间的剪阻力,使土的模量增大,整体性增强,从而限制土体的变形,调整土中的应力应变分布,提高土体的稳定性,这就是土的加筋的实质。土工结构物中的土体经加筋后,结构物的刚度大为提高,从而达到对工程加固的目的。

加筋的做法自古有之。2000 多年前的西汉时期,采用树枝混在土内造长城;各地劳动人民在房屋建造中采用泥中掺草筋、麻绳等修筑土墙或抹面的做法也持续了几千年。在国外,用编织芦苇在软基上修路的实践可追溯到公元前 2500 年。当然,那时的加筋使用缺乏理论指导,而所用的材料是就近采集的天然材料。

在近代,首先正规地引入“加筋”概念,并上升为理论的要归功于 20 世纪 60 年代法国工程师 Vidal 所开创的“加筋土”技术,他所用的加筋材料是镀锌的金属条带。

近几十年来,各种型式的土工合成材料(或简称“土工材料”)逐步加入加筋材料的行列,由于它具有优越的性能和良好的经济性,已成为一种主要的加筋材料。经采用金属与土工材料的加筋挡墙的经济性比较,对于高度较低的挡墙,土工材料的经济性更好。本章将着重研究土工材料的加筋问题。

6.1.2　土工格栅

土工格栅是采用高密度聚乙烯或聚丙烯经挤压拉伸形成的新型土工合成材料,它在岩土工程应用中以加筋作用为主。土工格栅由横肋、纵肋和网孔组成,如图 6.2 所示。土工格栅的加固效果主要体现在三个方面,包括土工格栅纵肋和横肋表面与堆石体的摩擦作用、堆石体对格栅肋的被动阻抗作用及格栅的孔眼对堆石体的镶嵌与咬合作用。土工格栅加筋性能优异,特殊的网格结构能防止填料局部下陷,最大程度地减少坝体侧向变形,增加土体的整体稳定性能,因而被广泛应用于土石坝加固工程中,产品强度达 50～165kN/m。

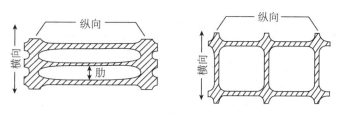

图 6.2　土工格栅结构示意图

6.1.3　拟静力抗震稳定分析

目前,格栅加筋结构的抗震稳定分析主要采用极限平衡法和有限元数值分析方法等工程计算方法。其中有限元法固然可全面深入地分析加筋坝体应力变形的规律,但涉及的参数繁多,且获得参数的试验又很复杂,因此将有限元法应用于加筋坝体的抗震安全评价还存在一定困难。目前,拟静力极限平衡法在实际加筋结构的抗震稳定计算中得到广泛应用。在早期的抗震设计中,大多采用修正的圆弧滑动法,该法忽略了加筋后最危险滑动面位置的改变及筋材对土体抗剪强度的影响,认为筋材在整体稳定分析中仅提供一个拉力或附加抗滑力矩,易造成偏于非保守的评价结果。大量的工程实践和理论研究表明,筋材可显著地改善土料的强度力学特性。随着研究工作的不断深入,各种针对加筋结构而改进的极限平衡方法不断出现,例如,朱湘认为加筋不仅提供抗滑力矩,而且可改善土的局部抗剪强度,提出了改进的加筋结构圆弧滑动法;Buhan 等[8]通过理论推导得到了加筋土的宏观强度准则,结果表明,加筋后土料的抗剪强度得到明显改善,且在对加筋和无加筋土坡的试验和现场观测中发现,加筋后最危险滑动面的位置向靠近坡底地基的深部移动;Rowe 等[9-11]在稳定分析中引入"允许相容应变"的概念,并以此确定加筋结构中筋材的最大拉力和最危险滑动面的位置。上述加筋结构抗震稳定分析方法均属拟静力法范畴,且筋材加固效果的评价与实际效果出入较大,有待进一步研究。

6.1.4　筋材-堆石体相互作用机理

在土工格栅加筋堆石体结构中,将土工格栅埋入堆石体中,依靠土工格栅与堆石体的相互作用以及格栅网眼所具有的特殊嵌锁和咬合作用,限制其上下堆石体的侧向变形,增加堆石体结构的稳定性,提高堆石体的抗剪强度和变形特性。目前,国内外学者普遍认可的两种筋-土相互作用机理分别为摩擦加筋机理和准黏聚力机理[12-14]。

1. 摩擦加筋机理

在加筋堆石体结构中,土工格栅被成层沿水平方向埋置于堆石体中。当加筋复合体结构发生滑动破坏时,在加筋复合体中将产生主动区(滑动区)和被动区(稳定区),如图 6.3 所示。

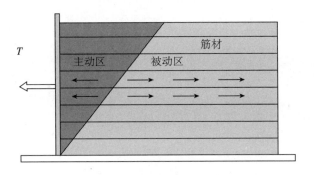

图 6.3　摩擦加筋机理示意图

滑动区内堆石体的自重产生的水平推力和水平地震惯性力在筋材中形成拉力,有将筋材从堆石体中拔出的趋势,而稳定区的筋材被上覆的堆石体束缚而锚固,即稳定区的堆石体与筋材之间的摩阻力将阻止筋材被拔出。如果滑动区堆石体产生的水平推力被稳定区筋材和堆石体之间的摩擦阻力所平衡,整个加筋复合体结构的内部稳定性得到保证。堆石体与格栅表面相互作用所形成的摩擦阻力如图 6.4 所示。

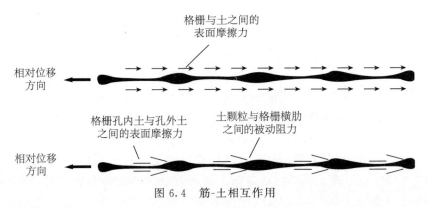

图 6.4　筋-土相互作用

基于上述摩擦加筋机理的分析,作用于格栅与堆石体之间的摩擦阻力为

$$f = 2N\mu b\Delta l \tag{6.1}$$

式中,N 为稳定区内筋材的法向压力;μ 为格栅与堆石体之间的摩擦系数,由加筋复合体材料的内摩擦角确定;b 为格栅宽度;Δl 为稳定区内筋材的有效长度。

当摩擦阻力 f 大于筋材受到的拉力 ΔT 而小于筋材的极限抗拉强度时,筋材与堆石体之间是完全锚固的,加筋结构处于稳定状态。反之,格栅与堆石体发生相对滑动,加筋结构产生侧向位移,直至结构失效。

2. 准黏聚力机理

准黏聚力机理又称复合材料理论,其本质是将加筋材料和土体看成各向异性的材料进行考虑。当土体竖向受压时,无加筋土体的横向变形靠周围土体约束,其约束效应与土体的结构有关,其约束用水平应力 σ_3 表示。当土体中加入高弹性模量的拉筋后,拉筋由于承压拱效应将对周围土体提供附加围压 $\Delta\sigma_3$,有效地降低土体承受的偏应力和侧向变形,如图 6.5 所示。此时筋材与土体之间的相互作用可等效为土体抗剪强度的提高。

对比大量的加筋土和未加筋土的三轴试验结果发现,在同样荷载作用下,未加筋土在共同作用下达到极限平衡状态,而加筋土样仍处于弹性平衡状态,如图 6.6 所示,加筋碎石土的抗剪强度得到显著提高。

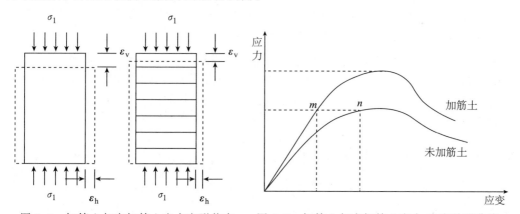

图 6.5　加筋土与未加筋土应力变形状态　　图 6.6　加筋土与未加筋土应力-应变关系曲线

根据莫尔-库仑强度准则,由图 6.7 可以得到加筋土样处于极限平衡状态下最大主应力的数学表达式为

$$\sigma_{1f} = \sigma_3 \tan^2(45° + \varphi/2) + 2\Delta c\tan(45° + \varphi/2) \tag{6.2}$$

式中,σ_3 为作用于土样侧面的最小主应力;φ 为未加筋土的内摩擦角;Δc 为加筋土样的附加黏聚力。

将式(6.2)与未加筋土样的极限平衡条件相比,加筋土样中多了一项由 Δc 所引起的承载力,即附加黏聚力。铺设的土工格栅与堆石体之间相互作用,将对原来土体

产生附加的侧向约束,就像钢筋混凝土中的箍筋一样,限制了土体的侧向变形,为土体单元提供了一个侧压力增量 $\Delta\sigma_{3f}$,提高了土体的抗压强度,这种侧压力增量在式(6.2)中被以附加黏聚力的形式代替了,用以反映加筋复合结构的材料特性。

Yang[15]通过加筋土三轴试验给出了加筋土破坏时附加围压 $\Delta\sigma_{3f}$ 与附加黏聚力 Δc 的关系:

$$\sigma_{1f} = (\sigma_3 + \Delta\sigma_{3f})\tan^2(45° + \varphi/2) \tag{6.3}$$

$$\Delta\sigma_{3f} = 2\Delta c\tan(45° - \varphi/2) \tag{6.4}$$

$$\Delta c = R_f\sqrt{K_p}/2\Delta H \tag{6.5}$$

$$K_p = \tan^2(45° + \varphi/2) \tag{6.6}$$

式中,ΔH 为布筋间距;R_f 为试样破坏时筋材单位宽度上的极限抗拉强度。

基于等效围压理论和筋材与土体之间满足协调变形的假定条件下可得加筋后土体单元的附加围压 $\Delta\sigma_{3f}$:

$$\Delta\sigma_{3f} = R_f/\Delta H \tag{6.7}$$

在极限平衡分析中,首先确定筋材单位宽度上所能提供的极限抗拉强度 R_f,代入式(6.7)得土体附加围压 $\Delta\sigma_{3f}$。由加筋土三轴试验结果知,加筋前、后土体的内摩擦角基本保持不变。因此,将所得到的 $\Delta\sigma_{3f}$ 代入式(6.5)可得加筋复合体的附加有效黏聚力 Δc。

摩擦加筋机理从微观角度解释了土工格栅的加筋作用,准黏聚力机理从宏观角度解释了加筋复合体的加筋效果。在以往的加筋结构极限平衡分析中,认为加筋结构的加筋效果可通过任意一种作用机理来描述,两种加筋机理是独立存在的。认为加筋复合体的加筋效果应表现为宏观和微观加筋机理共同作用的结果,即在加筋结构稳定分析中同时考虑由筋材与土体之间的摩阻力引起的抗拉力及加筋引起的复合材料强度提高的影响。

6.1.5　土工格栅的极限抗拉强度

加筋堆石体中筋材所能提供的极限抗拉强度由筋材的规格、布置方式、筋材的极限延伸率以及强度折减系数等因素决定,不同型号的土工格栅具有不同的极限抗拉强度和极限延伸率。另外,在土工合成材料加筋设计中,为保证在正常使用状态下土工合成材料的强度能够达到设计要求,通常需要考虑蠕变、机械损伤、化学损伤以及生物影响等因素对格栅极限抗拉强度的影响,即

$$S = \frac{T_u}{F_{iD}F_{cR}F_{cD}F_{bD}} \tag{6.8}$$

式中,S 为设计容许极限抗拉强度;T_u 为筋材拉伸试验中测得的极限抗拉强度;F_{iD} 为机械损伤影响系数;F_{cR} 为蠕变影响系数;F_{cD} 为化学损伤影响系数;F_{bD} 为生物破坏影响系数。上述影响系数由经验确定,乘积一般在 2.5～5.0[16-18]。

在参考冶勒电站加固工程中土工格栅的选用标准和《土工合成材料应用技术规范》的基础上,选取的土工格栅的力学性能指标为:极限抗拉力≥150kN/m,极限延伸率≤8%。如图 6.7 所示,不同围压下堆石料达到峰值强度后开始破坏时的轴向应变约为 16%,换算为堆石料的侧向应变约为 8%。

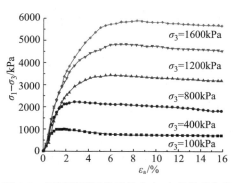

图 6.7　不同围压下堆石料应力-应变关系曲线

加筋等效围压理论[19-21]将筋材的加固效果等效为附加围压作用在土体单元上,假定筋材与堆石料的变形协调或成一定比例,等效附加围压的大小由筋材与堆石料在筋材铺设方向上的协调应变决定。赵川等[22]给出的加筋碎石土三轴试验结果表明,当加筋复合体材料的轴向应变在 16%左右时(或侧向应变达到 8%时),加筋复合体发挥的强度低于或等于其峰值强度,加筋复合体结构未发生破坏,此时筋材与土料之间的协调应变约为 8%,如图 6.8 所示。

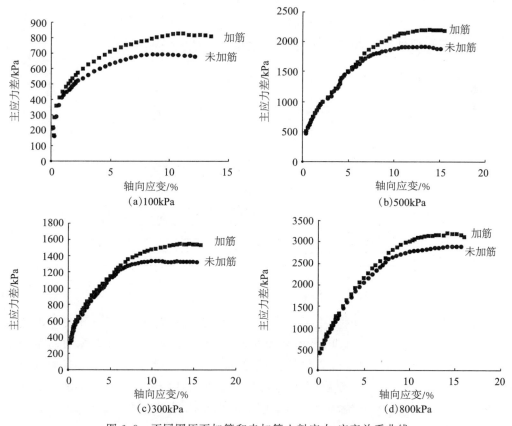

图 6.8　不同围压下加筋和未加筋土料应力-应变关系曲线

当加筋结构中的潜在滑动体进入临界滑动状态时,堆石料达到其峰值强度,堆石料的轴向应变达到16%,铺设格栅方向的应变达到8%,筋材提供满足当前协调应变的极限抗拉强度。因此,从安全和经济角度出发,以堆石体极限侧应变8%作为筋材和堆石料的协调极限应变,并由此确定滑动面上筋材所提供的单位宽度上的附加极限抗拉强度和附加黏聚力,并将其引入潜在滑动体稳定分析和平均屈服加速度的求解中。

6.1.6　拟静力极限平衡分析法

　　传统的加筋土工结构极限平衡分析忽略了筋材的加固效果对潜在滑动面位置的影响,直接将筋材提供的附加抗拉力或抗滑力矩引入极限平衡分析中,即在极限平衡分析中仅考虑摩擦加筋机理的加筋效果而忽略了准黏聚力机理对加筋复合材料抗剪强度的影响,易产生较为保守的评价结果[23,24]。另外,高土石坝堆石体加筋结构与传统的加筋土结构在筋材的规格、布置甚至作用机理上均存在较大的差别,堆石体加筋复合体中土工格栅与堆石体等粗粒料的界面接触效率较高,联锁作用较强,更易于通过筋材与大粒径堆石的相互作用发挥加筋的效果。针对高土石坝加筋堆石体结构的特点,将摩擦加筋机理和准黏聚力机理同时引入加筋坝坡的整体稳定分析中,采用瑞典-荷兰法对加筋坝坡进行拟静力极限平衡分析,分析示意图如图6.9所示。

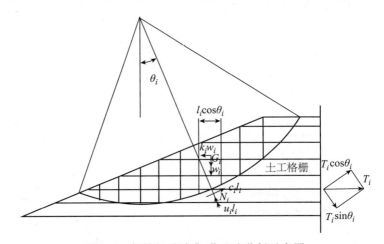

图 6.9　加筋坝坡瑞典-荷兰法分析示意图

　　在计算过程中,首先依据《土工合成材料应用技术规范》和工程设计要求确定的土工格栅的容许极限抗拉强度,然后利用式(6.5)和式(6.7)确定堆石体加筋复合体的附加黏聚力和总有效黏聚力等强度指标,进而确定加筋复合滑动体的附加抗滑力矩,得到潜在滑动体的安全系数,搜索堆石体加筋复合体中最危险滑动面的位置及最小安全系数。计算中附加抗滑力矩不仅包括附加拉力提供的抗滑力矩,还包括附加黏聚力提供的抗滑力矩。

作用在滑动体上的倾覆力矩为

$$M_o = R \sum_{i=1}^{n} (w_i \pm G_i^j) \sin\theta_i + \sum_{i=1}^{n} k_i w_i (y_{gi} - y_c) \tag{6.9}$$

式中,w_i 为土条自重;G_{ij} 为第 i 土条 j 时刻竖向惯性力;θ_i 为第 i 土条倾角;R 为潜在滑动体滑弧半径;y_{gi} 和 y_c 分别为各土条重心和潜在滑动体滑弧圆心的纵坐标,以向下为正。

考虑加速度沿坝高分布的不均匀性,根据《水工建筑物抗震设计规范》确定潜在滑动体各土条形心点处地震惯性力系数,即

$$k_i = \zeta a_i k_{max} \tag{6.10}$$

式中,ζ 为地震作用效应的折减系数;a_i 为土条重心处的水平地震加速度分布系数,采用《水工建筑物抗震设计规范》建议的加速度分布系数;k_{max} 为地震输入加速度峰值系数。

以拟静力的形式表示地震惯性荷载,结合莫尔-库仑准则,确定加筋滑动体上的抗滑力矩:

$$M_r = R \sum_{i=1}^{n} \{c_i' l_i + [(w_i \pm G_i^j)\cos\theta_i - k_i w_i \sin\theta_i - u_i l_i]\tan\varphi_i'\}$$
$$+ R \sum_{i=1}^{n} (s_i \cos\theta_i + s_i \sin\theta_i \tan\varphi_i') \tag{6.11}$$

式中,c_i' 为加筋复合体土条底部有效黏聚力,包括堆石体原有效黏聚力和附加黏聚力;$l_i = b_i / \cos\theta_i$ 为土条底部长度;u_i 为土条底部孔压;φ_i' 为加筋复合体材料的内摩擦角,加筋前后保持不变;s_i 为容许极限抗拉强度;θ_i 为土条与圆心的连线与竖直方向的夹角,如图 6.9 所示。

利用式(6.9)和(6.11)确定潜在滑动体的安全系数:

$$F_s = \frac{R \sum_{i=1}^{n} \{c_i' l_i + [(w_i \pm G_i^j)\cos\theta_i - k_i w_i \sin\theta_i - u_i l_i]\tan\varphi_i'\} + R \sum_{i=1}^{n} (s_i \cos\theta_i + s_i \sin\theta_i \tan\varphi_i')}{R \sum_{i=1}^{n} (w_i \pm G_i^j)\sin\theta_i + \sum_{i=1}^{n} k_i w_i (y_{gi} - y_c)}$$

$$\tag{6.12}$$

采用蚁群复合形法结合瑞典-荷兰法确定加筋坝坡的最危险滑动面的位置和最小安全系数。

6.2 加筋土石坝 Newmark 滑块位移分析

6.2.1 加筋土石坝数值计算与分析

现阶段,加筋结构的数值计算方法主要有三类:一是把加筋土看成由土与筋材两

种不同性质的材料组成,两者通过界面传递应力;二是把加筋复合体看成宏观上均匀的各向异性的复合材料,土和筋材的相互作用表现为内力,只对复合材料的性质产生影响,而不直接出现在应力应变的计算中;三是基于 Yang 提出的"等效周围压力"的概念,把筋材的作用当成外力即等效附加应力,作用在土骨架上,取加筋复合体中的土体进行计算。第一种方法把筋和土分开考虑的计算思路符合人们的直观感觉,但在有限元计算中将引进太多的本构关系模型和计算参数,难以形成统一的标准,再加上坝体尺寸与筋材尺寸差别巨大,难以模拟大尺度范围内的加筋计算。第二种方法由于复合材料的各向异性,其纵、横向模量和拉压模量各不相同,这给刚度矩阵的运算、方程求解带来极大的困难,且当材料分区较多、边界条件较为复杂时,复合材料理论也难以得到应用。因此目前应用较多的仍是第三种方法——等效附加应力法,该方法在不引进新的本构模型和复杂试验手段的情况下,简单方便地进行加筋土应力变形计算,并且能够反映其各向异性的性质,如图 6.10 所示。

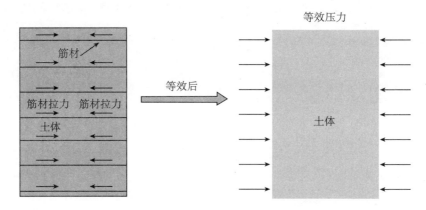

图 6.10　等效附加应力法示意图

基于加筋土的三轴试验结果可得,布筋方向上等效附加应力 $\Delta\sigma_r$ 与布筋方向上土体单元应变 ε_g 之间的关系如下:

$$\Delta\sigma_r = f(\varepsilon_g) \tag{6.13}$$

对于一般分层加筋土,计算过程中筋的作用被作为外力(等效附加压力)作用在该层筋的土体单元上,其数值可由筋材与土体的协调筋向应变确定:

$$\varepsilon_g = \alpha\varepsilon_s \tag{6.14}$$

式中,ε_g 为筋材沿筋向应变;ε_s 为土体单元应变;α 为应变比例因子。

堆石体加筋复合体中土体单元的等效附加应力为

$$\Delta\sigma_r = \frac{T}{\Delta H} = \frac{f(\varepsilon_g)}{\Delta H} = \frac{f(\varepsilon_s)}{\Delta H} \tag{6.15}$$

$$\Delta\sigma_3 = \Delta\sigma_r \left| \frac{\varepsilon_3}{\varepsilon_s} \right| \tag{6.16}$$

6.2.2　加筋土石坝潜在滑动体屈服加速度

对于堆石体加筋复合体结构,土工格栅的存在使问题变得复杂化。但 Nagel 和 Elms 关于加筋挡土墙的试验表明,Newmark 滑块模型对加筋结构同样适用。鉴于此,结合 240m 高的长河坝工程重点研究了坝体加筋后筋材与堆石体的相互作用对滑动体平均屈服加速度的影响,即筋材对土体材料抗剪强度的改善效果及筋材在滑裂体达到临界滑动状态时所能提供的抗拉强度。此极限抗拉强度的大小取决于筋材的失效强度或坝体稳定区内筋材与堆石料之间的摩擦力大小。其表达式如下:

$$s_i = \text{Min} \begin{cases} \delta_i T_i l_i / H, & \varepsilon_r \leqslant 0 \\ \sum\limits_{j=1}^{m} \sigma_{yj} \tan\varphi'_j \Delta l_j \end{cases} \tag{6.17}$$

式中,T_i 表示极限延伸率为 8% 的土工格栅的极限抗拉强度;δ_i 为极限抗拉强度损伤因子,一般在 2.5~5.0(蠕变、施工损伤、化学损伤、生物损伤等因素);l_i 为条块底部长度;H 为布筋间距;m 为滑裂体外第 i 个土条处与筋材相交的单元数;σ_{yj} 为滑裂体外与筋材接触的第 j 个单元竖向应力;Δl_j 为筋材在第 j 个单元中的有效长度。

将 $F_s = 1$ 代入式(6.12),得峰值地震加速度系数 k_{max},见式(6.18)。进而由式(6.10)确定加筋滑动体内各土条的临界水平地震加速度系数 k_i,最后代入式(6.19)得加筋滑动体的平均屈服角加速度系数 k_y:

$$k_{max} = \frac{\sum\limits_{i=1}^{n} \{c'_i l_i + [(w_i \pm G^j_i)\cos\theta_i - u_i l_i]\tan\varphi'_i\} + \sum\limits_{i=1}^{n} (s_i\cos\theta_i + s_i\sin\theta_i\tan\varphi'_i) - \sum\limits_{i=1}^{n} (w_i \pm G^j_i)\sin\theta_i}{\sum\limits_{i=1}^{n} w_i a_i c_z \sin\theta_i \tan\varphi'_i + \sum\limits_{i=1}^{n} w_i a_i c_z \dfrac{y_{gi} - y_c}{R}}$$

$$\tag{6.18}$$

$$k_y = \frac{\sum\limits_{i=1}^{n} k_i w_i}{\sum\limits_{i=1}^{n} w_i} \cdot \frac{y_g - y_c}{R_g^2} \tag{6.19}$$

式中,y_{gi} 为滑动体各土条重心纵坐标;y_g 为整个滑动体重心纵坐标;y_c 为圆弧圆心纵坐标;R_g 为滑动体重心到圆心的距离。

6.2.3　加筋坝坡永久滑动位移

基于动力有限元计算和加筋坝体拟静力极限平衡分析确定潜在滑动体的平均角加速度和平均屈服角加速度时程,比较各时刻它们的大小,当平均角加速度小于平均屈服角加速度时,潜在滑动体处于稳定状态;当平均角加速度等于或大于平均屈服角加速度时,潜在滑动体处于极限平衡状态并将发生滑动。采用 Newmark 刚塑性滑块模型估算潜在滑动体的最终滑移量,对式(6.20)进行关于时间的二次积分,得到潜

在滑动体的滑动角位移。将滑动角位移乘以滑弧半径,得潜在滑动体累积地震永久滑动位移:

$$\dot{\theta}(t) = [k_{ave}(t) - k_y(t)]g \tag{6.20}$$

$$\theta = \iint \dot{\theta} dt \tag{6.21}$$

6.3　验证和分析

以建立在深厚覆盖层上坝高为 240m 的长河坝心墙堆石坝为例[25],考虑该工程的经济效益和工程施工的难易程度,该工程拟采用的加筋方案为坝顶上、下游堆石体内均匀铺设土工格栅,竖向间距为 2m,加筋范围为坝顶堆石体以下 50m 的坝坡堆石体,加筋最大长度 50m。坝体最大剖面如图 6.11 所示,静力分析采用 Duncan-Chang 建议的非线性弹性本构模型,其模型参数见第 2 章表 2.1,动力分析采用改进的等效线性分析模型,其模型参数见第 2 章表 2.2,坝体材料强度参数如表 6.1 所示。根据地震危险性分析,基岩水平向峰值加速度采用基准期超越概率为 2% 的加速度,为 0.359g,基于频谱分析结果,选用接近坝体自振周期的场地谱人工波作为设计地震动,动力计算采用顺河向和竖向地震动双向输入,竖向地震动输入峰值加速度调整为顺河向峰值加速度的 2/3。输入的基岩加速度时程曲线如图 6.12 所示。

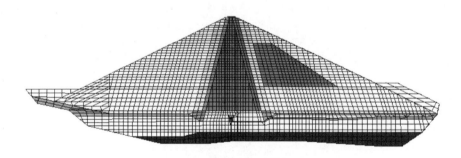

图 6.11　坝体剖面及网格剖分

表 6.1　强度参数

项目	填筑密度 /(g/cm³)	非线性指标		线性指标	
		$\varphi_0/(°)$	$\Delta\varphi/(°)$	$\varphi'/(°)$	c'/kPa
堆石料	2.36	51.6	9.1	42.3	10
反滤料	2.32	41.3	4.3	36.3	37
心墙料	2.32	38	6.3	35.6	40
过渡料	2.21	50.8	9.8	40.4	30

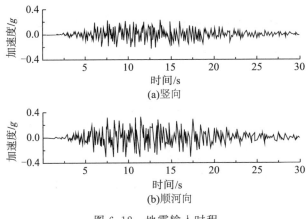

图 6.12　地震输入时程

6.3.1　加筋坝坡拟静力抗震稳定分析结果

为便于比较分析,分别给出了坝体加筋和不加筋两种方案下最小安全系数计算结果及最危险滑动面的位置,如表 6.2 和图 6.13 所示。

表 6.2　抗震稳定分析结果

	方案	圆弧	圆心	半径/m	F_s	Δh/cm
上游	加筋	AU1	$-346.9,2014.2$	474.9	1.695	130.1
	未加筋	AU2	$-339.2,2062.1$	501.2	1.316	130.9
下游	加筋	AD1	429.6,2154.9	639.6	1.727	99.1
	未加筋	AD2	393.2,2199.1	652.4	1.616	99.3

注:Δh 为滑入、滑出点高程差

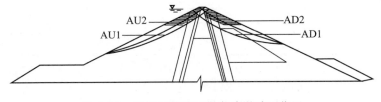

图 6.13　坝体加筋前后最危险滑动面位置

由表 6.2 的计算结果可知,在未加筋方案中,上、下游坝坡最危险滑动面的最小安全系数分别为 1.316 和 1.616,滑弧较浅;而在加筋方案中,上、下游坝坡最危险滑动面的最小安全系数为 1.695 和 1.727,滑弧较深。加筋后的坝体上游坝坡潜在滑动面最小安全系数得到较大幅度提高,最小安全系数提高了 28.7%,最危险滑动面位置向坝体内部发展。从上、下游最危险滑动面的位置可以看出,加筋后坝体上、下游最危险滑弧几乎不穿过土工格栅内部,加筋前的最危险滑动体的稳定性得到较大改善。

6.3.2　加筋滑动体平均屈服角加速度

表 6.3 给出了两种方案下各潜在滑动体的平均屈服角加速度的计算结果和发展时程。

表 6.3　平均屈服角加速度

	圆弧	最大屈服角加速度/(rad/s²)		增幅/%
		未加筋	加筋	
上游	AU1	0.00187	0.00299	59.90
	AU2	0.00125	0.00321	156.80
下游	AD1	0.00243	0.00363	49.40
	AD2	0.00181	0.00421	132.50

由表中结果可知,加筋前、后最危险滑动体的平均屈服角加速度变化较大,尤其当未加筋前确定的最危险滑动面在考虑筋材加固效果后屈服角加速度明显增大,最大增幅达 156.8%,加筋后的坝体的整体性和坝坡的抗震能力均得到了显著的提高。

6.3.3　加筋滑动体滑动位移结果

本次加筋坝体动力响应分析是在双向输入的基础上进行的,因此,对于永久滑动位移的计算,应考虑时程竖向加速度对滑动体屈服加速度和累积滑动位移的影响。两种方案下各潜在滑动体在设计地震动作用下累积滑动位移如表 6.4 所示,图 6.14～图 6.16 给出了各潜在滑动体时程平均屈服角加速度和滑动位移时程发展曲线。

表 6.4　塑性滑动位移

	圆弧	滑动位移/cm	占滑动体高度的百分比/%
上游	AU1	16.47	0.127
	AU2	65.56	0.504
下游	AD1	7.33	0.074
	AD2	51.51	0.520

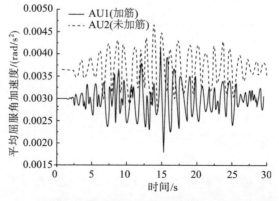

图 6.14　上游坝坡潜在滑动体平均屈服角加速度发展时程

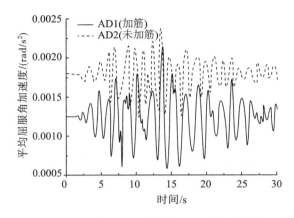

图 6.15　下游坝坡潜在滑动体平均屈服角加速度发展时程

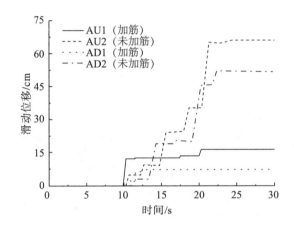

图 6.16　塑性滑动位移发展时程

　　从加筋前、后最危险滑动体的累积滑动位移结果可以看出,坝体加筋前上、下游坝坡最危险滑动体 AU2 和 AD2 的滑动位移分别为 65.56cm 和 51.51cm,占滑动体深度的 0.504% 和 0.520%,而加筋后上、下游坝坡的滑动体 AU1 和 AD1 的累积滑动位移分别为 16.47cm 和 7.33cm,占整个滑动体深度的 0.127% 和 0.074%。

　　由图 6.14～图 6.16 可知,各潜在滑动体首次滑动的时间基本一致,都在 10s 左右。加筋后的滑动体在 12s 后滑动位移基本停止增长,而未加筋滑动体直到 23s 左右滑动才逐渐趋于平缓。表明加筋土工结构中的土工格栅可有效地限制滑动体在地震时程中的侧向位移,增加了坝顶危险区域的稳定性和承载能力,且相对于采用安全系数作为评价指标而言,滑动位移可更直观地表明土工格栅对土体结构抗震稳定性以及承载能力的改善效果,更适合高土石坝类加筋结构的抗震安全评价。

参 考 文 献

[1] 欧阳仲春. 现代土工加筋技术. 北京：人民交通出版社，1991.

[2] 杨果林. 现代加筋土技术应用与研究进展. 力学与实践，2002，24(1)：9-17.

[3] 陈忠达. 公路挡土墙设计. 北京：人民交通出版社，1999.

[4] 李道田. 青峰岭水库土石坝加固技术及加筋砾石料的应力应变特性研究. 南京：河海大学博士学位论文，2006.

[5] 李永红，王晓东. 冶勒沥青混凝土心墙堆石坝抗震设计. 水电站设计，2004，20(2)：40-45.

[6] 大连理工大学. 长河坝水电站砾石土心墙堆石坝动力有限元分析. 大连：大连理工大学研究报告，2006.

[7] 杨明. 加筋土挡墙抗震分析中的屈服加速度. 岩石力学与工程学报，2002，21(5)：728-731.

[8] Buhan P D，Mangiavacchi R，Nova R. Yield design of reinforced earth walls by a homogenization method. Geotechnique，1989，39(2)：165-181.

[9] Rowe R K. An approximation method for estimating the stability of geotextiles-reinforced embankments. Canadian Geotechnical Journal，1985，220：392-398.

[10] Ilan J，Halis M I，Farrag K. Strain comPatibility analysis for geosynthetics reinforced soil walls. Journal of Geotechnical Engineering，ASCE，1990：312-329.

[11] Rowe R K，Skinner G D. Numerical analysis of geosynthetic reinforced retaining wall constructed on a layered soil foundation. Geotextiles and Geomembranes，2001，19(7)：387-412.

[12] 雷胜友. 加筋土的强度理论及加筋土高挡墙. 西安：西安地图出版社，2004.

[13] 栾茂田，李敬峰，肖成志，等. 土工格栅加筋挡土墙工作性能的非线性有限元数值分析. 岩石力学与工程学报，2005，24(14)：2428-2433.

[14] 闫澍旺，Ben B. 土工格栅与土相互作用的有限元分析. 岩土工程学报，1997，19(6)：56-61.

[15] Yang Z. Strength and Deformation Characteristic of Reinforced Sand. California：University of California. 1972.

[16] 王钊. 土工合成材料的蠕变试验. 岩土工程学报，1994，16(6)：96-102.

[17] 王钊，李丽华，王协群. 土工合成材料的蠕变特性和试验方法. 岩土力学，2004，25(5)：723-727.

[18] 唐颂，邓卫东. 土工合成材料蠕变老化及铺设损伤试验研究综述. 公路交通技术，2004，(1)：60-61.

[19] 介玉新. 加筋土的等效附加应力法分析及模型试验研究. 北京：清华大学博士学位论文，1998.

[20] 介玉新，李广信. 加筋土数值计算的等效附加应力法. 岩土工程学报，1999，21(5)：614-616.

[21] 李广信，蔡飞. 加筋土体应力变形计算的新途径. 岩土工程学报，1994，16(3)：46-53.

[22] 赵川，周亦唐. 土工格栅加筋碎石土大型三轴试验研究. 岩土力学，2001，22(4)：419-422.

[23] Michalowski R L. Stability of uniformly reinforced slopes. Journal of Geotechnical and Geoenvironmental Engineering，ASCE，1997，123(6)：546-556.

[24] 刘祖德. 土工织物加筋陡坡的极限平衡设计. 全国第二届土工合成材料学术会议，天津，1990.

[25] 李红军，迟世春，林皋. 高心墙堆石坝加筋坝坡抗震稳定分析. 岩土工程学报，2007，29(12)：1181-1187.

第7章　高土石坝地震变形安全控制标准

高坝抗震安全评价具有十分重要的意义,在土动力学、计算分析能力和试验技术方面迅速发展的条件下,人们对地震作用下土的动力性质有了更为深入的了解,在土石坝地震动力反应计算以及抗震稳定分析方法的研究上均取得了较大的进步。一方面,传统的拟静力极限平衡分析法只能定性地给出坝坡的抗震安全度;另一方面,以计算土石坝在地震动作用下的永久变形为基础的变形控制方法正在迅速发展,该法可更好地反映坝体在地震过程中的稳定性,且可考虑土的非线性变形特性及强度在地震过程中产生变化的影响。

7.1　地震永久变形安全控制标准

目前,人们还无法完全从地震永久变形的角度来定量分析土石坝的抗震安全性,各级土石坝地震永久变形的安全控制标准还没有达成共识。造成上述问题的原因是多方面的:①由于土石坝地震永久变形可根据许多计算方法得到,不同的地震永久变形计算方法引入了不同的假设,且对坝体在地震过程中的性态进行了不同形式的简化,因此对各种计算方法采用统一的地震永久变形控制标准是不合理的;②输入地震动参数和材料强度参数的选取对永久变形计算结果影响较大;③地震为小概率事件,分析计算结果难以得到足够实例的检验;④地震永久变形的控制标准还与坝体设计施工的工艺水平有关。自从碾压填筑技术得到广泛应用以来,坝体被碾压的更加紧密,坝体抵抗变形的能力得以提高。显然这种土石坝的地震永久变形控制标准与抛填式土石坝存在显著差异。因此,制定一套统一且合理的可应用于现有工程抗震安全评价的地震永久变形控制标准是十分必要和迫切的。

目前确定土石坝地震永久变形安全控制标准的途径主要有两种。一种是经验总结,即对以往工程的实际观测结果和振动台模型试验结果进行归纳总结,得到不同高度和类型坝体的经验永久变形安全控制标准。如“八五”期间,我国南京水科院根据一些坝在地震中的实际沉降量初步给出了不同高度坝体的地震永久变形控制标准,对 100m 以下的坝,允许沉降量可达到坝高的 2%;对 100m 以上的坝可降低到1.5%;另外许多研究学者认为,如果坝体和地基不发生液化,土石坝超高 2%～3%的坝高,且不小于 1.5m,坝体的地震变形不至于影响坝体抗震安全。Hynes Griffun 和 Frankin 曾经建议,对大多数坝来说,1m 左右的地震变形不致对坝体造成重大危害;美国采用 Newmark 法计算填筑良好坝体顶部的地震沉降,规定沿滑裂面的地震滑移不超过 60cm。另一种是基于结构运行状况判断,即坝体在地震作用下产生的永久变形大小和分布应不影响坝体的主要功能,如防洪、灌溉和发电等,另外,坝体各关键部位(如防渗墙、反滤层和排水设施等)的局部永久变形也应小于其允许值,以防局部破坏和渗漏引发溃坝等重大事故的发生。如瑞士标准要求地震时滑移变形产生的排水层和反滤层的错动不应超过排水和反滤层厚度的 50%,瑞士 Mattmark 斜心墙土石坝上游反滤和排水层厚度自上而下为 2.6m 与 5.9m,下游反滤和排水层自上而下为 4.0m 与 6.0m。由于滑移变形产生的错动为 0.8m,为反滤层和排水层厚度的 20%～30%,符合抗震安全设计要求。

7.2　基于变形安全控制的高坝抗震设计

本章以 260.5m 高的糯扎渡高心墙堆石坝工程为依托[1],在系统总结国内外有关土石坝滑动变形计算理论和评价方法的基础上,针对上述 250m 级超高土石坝工程结构在设计动荷载作用下的变形安全性问题进行了系统和深入的研究,初步探讨了基于变形安全控制标准的 250m 级超高坝型抗震安全评价方法,为该类位于高烈度区域的高土石坝工程的可行性研究和建设提供可靠的理论和技术支撑。

7.2.1　标准计算剖面

依据《碾压式土石坝设计规范》[2] 和《水工建筑物抗震设计规范》[3] 中关于土质防渗体分区坝坝型选择和坝体结构的规定,以坝高 250m 的简化心墙堆石坝为研究对象,该坝体主要由心墙防渗体与坝壳堆石体两部分组成,坝顶宽度为 16m,上、下游坝坡均为 1∶2.0,抗震设防烈度为 8 度,标准计算剖面如图 7.1 所示,地震动输入工况如表 7.1 所示。

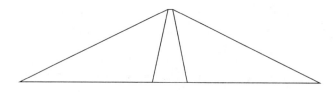

图 7.1　坝体剖面

表 7.1　设计地震动输入工况

地震波输入	顺河向	竖向
输入 1	场地谱人工波 No.1	2/3 场地谱人工波 No.2
输入 2	场地谱人工波 No.2	2/3 场地谱人工波 No.3
输入 3	场地谱人工波 No.1	2/3 场地谱人工波 No.3
输入 4	规范谱人工波 No.4	2/3 规范谱人工波 No.5
输入 5	规范谱人工波 No.6	2/3 规范谱人工波 No.5
输入 6	规范谱人工波 No.6	2/3 规范谱人工波 No.4

7.2.2　基于坝坡最小允许安全系数的高土石坝变形安全评价

《碾压式土石坝设计规范》第 8.3.10 条款规定:当采用计及条块间作用力的计算方法时,坝坡抗滑稳定的安全系数应不小于表 7.2 中规定的数值。

表 7.2　坝坡抗滑稳定最小安全系数

运用条件	工程等级	
	1 级	2 级
正常运用条件	1.5	1.35
正常运用条件＋地震	1.2	1.15

基于最小安全系数的变形安全评价方法主要包含以下四个步骤。

(1)在标准计算剖面上,基于简化毕肖普法和蚁群复合形法搜索最危险滑动面的位置,并校核是否满足规范要求,满足要求则基于静、动力有限元分析和改进的“解耦”型 Newmark 滑块位移法确定潜在滑动面在各设计地震动下的地震滑移量。

(2)在坝体几何参数不变的条件下,逐步降低土料的强度参数,直至标准计算剖面上的最危险滑动面的安全系数恰好满足规范要求,然后基于静、动力有限元分析和改进的“解耦”型 Newmark 滑块位移法确定潜在滑动面在各设计地震动下的地震滑移量。

(3)在坝体土料强度参数不变的条件下,调整坝坡比等几何参数,在规范允许范围内确定临界坝体坡度,并确定该临界剖面上最危险滑动面的位置和安全系数,再次基于静、动力有限元分析和改进的“解耦”型 Newmark 滑块位移法确定潜在滑动面在各设计地震动下的地震滑移量。

(4)比较上述得到的临界滑动面的极限累积滑动量,进而对标准设计剖面的抗震安全性能和保守性进行合理而准确的评价。

图 7.2 和表 7.3 给出了标准计算剖面上各强度折减系数下临界滑动面的位置及其安全系数。由计算结果可知,初始强度参数下临界滑动面的最小安全系数为1.58,严格满足规范要求,随着强度折减系数的增大,临界滑动面的位置变化不大,而安全系数大幅度降低,当强度折减系数为 1.25 左右时,临界滑动体对应的最小安全系数恰好为《碾压式土石坝设计规范》中规定的最小允许安全系数,此时所用的强度计算参数即为临界参数;当强度折减系数增大到 1.3 时,临界滑动体的位置向上游坡面移动,且最小安全系数降为 1.0 左右,此时坝坡处于临界状态。

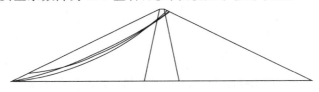

图 7.2　不同强度折减系数下最危险滑动面

表 7.3　强度折减系数(R_f)与安全系数的关系(F_s)

R_f	1.0	1.1	1.15	1.2	1.25	1.26	1.28	1.3
F_s	1.58	1.40	1.32	1.25	1.19	1.17	1.10	1.00

图 7.3 和表 7.4 给出了标准计算剖面和临界计算剖面上临界滑动面的位置及其安全系数。随着坡降比的增大,临界滑动面的位置及其安全系数均发生了较大的变化,当坝体坡度为 1：1.7 时,该计算剖面上临界滑动面对应的最小安全系数恰好为《碾压式土石坝设计规范》中规定的最小允许安全系数,即为临界计算剖面。

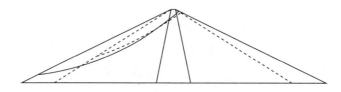

图 7.3　不同坝坡比下最危险滑动面

表 7.4　坝体坡度与安全系数的关系

1：m	1：2.0	1：1.9	1：1.8	1：1.7	1：1.6
F_s	1.58	1.45	1.33	1.20	1.12

表 7.5 给出了初始设计剖面和初始设计强度参数、初始设计剖面和临界强度参数以及临界设计剖面和初始设计强度参数三种组合工况下临界滑动面在各设计地震动作用下的累积滑移量。较之以往基于拟静力安全系数的定性分析,累积滑移量结果可定量地给出设计剖面和强度参数选择的标准。

表 7.5　累积滑移量计算结果

输入地震动工况	设计剖面和设计参数		设计剖面和临界参数		临界剖面和设计参数	
	F_s	s_d/cm	F_s	s_d/cm	F_s	s_d/cm
1		29.6		260.6		178.6
2		37.5		291.9		232.3
3		19.1		246.5		165.4
4	1.58	0.0	1.19	44.3	1.20	39.1
5		0.0		30.4		47.6
6		0.0		29.2		35.7

图 7.4 和图 7.5 分别给出了累积滑移量和坝体基本控制参数的内在联系,可以看出,当强度折减系数达到 1.25 左右时或坝体坡度达到 1：1.8 时,临界滑动面的在设计地震动作用下(尤其是场地波)的累积滑移量成倍增加,严重危及坝体的抗震安全性。

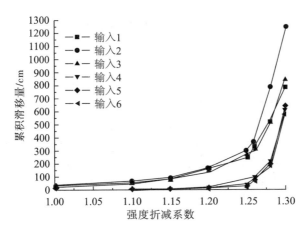

图 7.4　强度折减系数与累积滑移量的关系

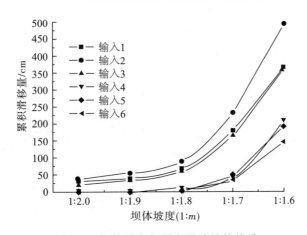

图 7.5　坝体坡度与累积滑移量的关系

7.3　高土石坝极限抗震能力分析

5·12 汶川大地震后,为了加强水电工程防震抗震工作,国家发改委能源局先后发布了《国家发展改革委关于加强水电工程防震抗震工作有关要求的通知》和《国家能源局关于委托开展水电工程抗震复核工作的函》。水利水电规划设计总院制定了《水电工程防震抗震研究设计及专题报告编制暂行规定》,规定要求对处在强震区、特别重要的和失事后可能产生严重次生灾害的挡水建筑物,要深入研究、分析、评价其极限抗震能力[4-8]。大坝的极限抗震能力,尤其是高土石坝的极限抗震能力,目前没有统一的标准可参照,需要进行探索性的深入研究工作。结合当前大型水电工程的抗震复核工作,对糯扎渡、长河坝和双江口等高土石坝的极限抗震能力进行了重点研究,初步建立了高土石坝极限抗震能力的评价标准。

7.3.1 基于滑动变形的高土石坝极限抗震能力分析

以在建高心墙堆石坝工程为研究对象,结合基于有限元滑面应力法建立的高土石坝抗震安全评价方法,利用《水工建筑物抗震设计规范》规定的最小允许安全系数评价标准推求坝体达到极限状态的极限校核地震峰值加速度,在该极限校核地震动作用下,坝体将发挥其极限抗震能力。基于极限校核地震动峰值加速度以及在该极限校核地震动作用下坝体上、下游坝坡动力时程稳定、地震变形和防渗体安全等动力分析结果,综合分析和探讨大坝的极限抗震能力和地震破坏模式,可为工程的可行性研究和建设提供可靠的理论和技术支撑。

1. 工程概况

拦河大坝采用砾石土心墙堆石坝,最大坝高240m;坝顶宽度为16.00m,上、下游坝坡均为1:2.0;心墙顶宽6m,上、下游坡均为1:0.25;上、下游反滤层水平厚度分别为8m和12m。坝基含约70m厚的覆盖层①~③,其中覆盖层②上部分布砂层,厚度为0.75~12.5m。坝体典型剖面如图7.6所示。

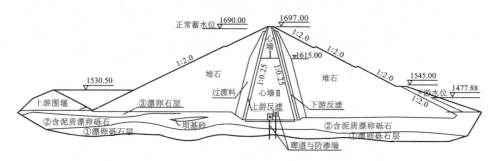

图 7.6 坝体典型剖面图

2. 计算参数

1)输入地震动

场址地震基本烈度为8度,壅水建筑物抗震设防类别为甲类,拟按9度抗震设防。工程场地相关地震动加速度反应谱取为

$$S_\alpha(T) = A_{max}\beta(T), \quad \alpha_{max} = A_{max}\beta_{max} \tag{7.1}$$

式中,A_{max} 为设计地震动峰值加速度;$\beta(T)$ 为设计地震动加速度放大系数反应谱;α_{max} 为地震影响系数最大值。且有

$$\beta(T) = \begin{cases} 1, & T \leqslant 0.04\text{s} \\ 1 + (\beta_{max} - 1)\dfrac{T - 0.04}{T_1 - 0.04}, & 0.04\text{s} < T \leqslant T_1 \\ \beta_{max}, & T_1 < T \leqslant T_2 \\ \beta_{max}\left(\dfrac{T_2}{T}\right)^\gamma, & T_2 < T \leqslant 6\text{s} \end{cases} \tag{7.2}$$

其中，$\beta_{\max}$ 为放大系数反应谱的平台值；T_1 为第一拐点周期值；T_2 为第二拐点周期值（特征周期）；γ 为下降段下降速度控制参数。

加速度时程曲线采用场地谱人工地震波，地震输入采用三向（顺河向、竖向和坝轴向）输入，如图 7.7 所示。

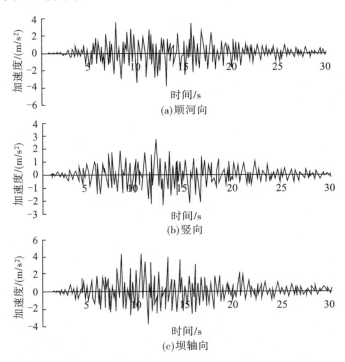

图 7.7　地震动输入加速度时程（$P_{100} = 1\%$）

2）动力计算参数

土体采用等价线性黏弹性动力模型，各坝料动力参数如图 7.8 和图 7.9 所示。

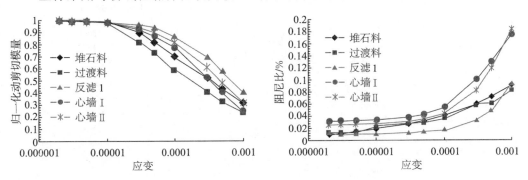

图 7.8　填筑坝料的 $G/G_{\max}$-γ 关系曲线　　　图 7.9　填筑坝料的 λ-γ 关系曲线

3. 坝坡失稳屈服加速度

在传统的 Newmark 滑块位移法中，通常将使滑动体处于临界极限平衡状态或抗滑稳定安全系数为1时所施加的水平向峰值地震加速度定义为滑动体的屈服加速度,该方法忽略了弹性滑动体对输入加速度的放大效应。依据《水工建筑物抗震设计规范》规定的高土石坝动态分布系数,并结合动力时程分析确定滑动体的平均屈服加速度。进而将上、下游坝坡的拟静力安全系数等于1时的平均屈服加速度作为坝体上、下游坝坡失稳屈服加速度。结合简化毕肖普法和拟静力极限平衡法,在非线性强度指标基础上得到的上、下游坝坡的屈服加速度峰值分别为0.52g和0.60g。采用100年超越概率为1‰的场地谱人工波波形,将峰值分别调整为上、下游坝坡屈服加速度,进行坝体在极限设计地震动作用下的动力响应、动强度验算及地震变形分析。

4. 极限抗震能力分析

为便于比较分析,表7.6列出了校核地震加速度、上游屈服加速度、下游屈服加速度作用下坝体最大加速度反应及最大动位移值。可以看出,随着地震输入加速度的增大,坝体动力反应逐渐变大,坝顶放大倍数则逐步降低。

表7.6　坝体最大动力响应极值

输入地震波	峰值加速度0.43g		峰值加速度0.52g		峰值加速度0.60g	
	坝体最大加速度(g)/放大倍数	坝体最大动位移/cm	坝体最大加速度(g)/放大倍数	坝体最大动位移/cm	坝体最大加速度(g)/放大倍数	坝体最大动位移/cm
顺河向	0.76/1.77	28.73	0.78/1.55	34.24	0.88/1.47	40.15
竖向	0.61/2.12	19.68	0.68/1.97	22.74	0.77/1.93	26.01
坝轴向	0.86/2.00	23.15	1.02/1.96	27.44	1.15/1.92	31.29

根据动力有限元分析的计算结果,采用等效节点力法计算了校核地震加速度及上、下游坝坡屈服加速度作用下大坝的地震永久变形。图7.10和图7.11分别示出了在下游屈服加速度作用下坝体最大横剖面的顺河向和竖向永久变形等值线图。

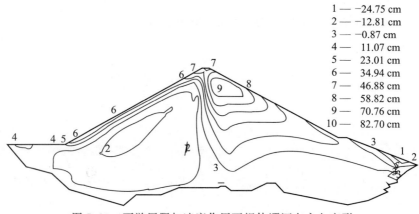

1 — −24.75 cm
2 — −12.81 cm
3 — −0.87 cm
4 — 11.07 cm
5 — 23.01 cm
6 — 34.94 cm
7 — 46.88 cm
8 — 58.82 cm
9 — 70.76 cm
10 — 82.70 cm

图7.10　下游屈服加速度作用下坝体顺河向永久变形

计算得到在校核地震加速度及上、下游屈服加速度作用下坝体震陷量分别为1.81m、2.33m和2.94m,分别为坝高的0.75%、0.97%和1.2%。对于坝高100m以

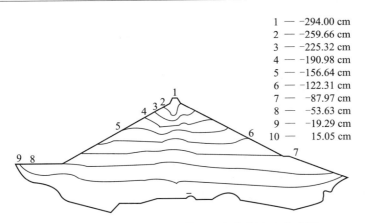

图 7.11　下游屈服加速度作用下坝体竖向永久变形

下的坝,允许震陷量一般限制为坝高的 2%,对 100m 以上的坝可适当降低到 1.5%。

基于简化毕肖普法和蚁群复合形法搜索临界滑动面的位置,如图 7.12 所示,AU1 和 AD1 分别为上游和下游的最危险滑动面,均自坝顶开始经过心墙顶部分别从上、下游坝坡滑出,长度分别为 87.6m 和 120.7m。

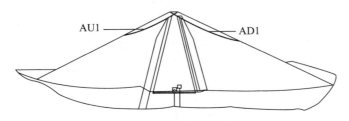

图 7.12　最危险滑动面示意图

表 7.7 所示计算结果表明,在输入地震动由校核地震加速度逐渐增大到下游屈服加速度的过程中,上、下游坝坡均出现较大的滑动位移。在下游屈服加速度(0.6g)作用下,上、下游坝坡的滑动位移为 3.728m 和 2.232m,占滑动体长度的 4.26% 和 1.85%。远远超过美国工程师兵团及 Hyness Griffin 和 Franklin 建议的地震滑移变形控制标准(1.0m)。

表 7.7　坝体最大动力响应极值滑移变形最大值

输入地震波	滑弧 AU1		滑弧 AD1	
	滑移量/cm	占滑动体比重/%	滑移量/cm	占滑动体比重/%
$P_{100} = 0.01(0.43g)$	162.2	1.85	93.6	0.78
上游屈服加速度(0.52g)	304.2	3.47	166.3	1.38
下游屈服加速度(0.6g)	372.8	4.26	223.2	1.85

基于上述计算结果,综合稳定、变形、防渗体安全等,初步认为大坝的极限抗震能力为 0.50g～0.55g。

7.3.2　基于整体地震变形的高土石坝极限抗震能力分析

研究大坝在强震作用下的稳定、变形及防渗体损伤破坏等,对大坝的极限抗震能力进行研究和分析,具体如下。

(1)从坝坡稳定的角度分析大坝的极限抗震能力。采用动力法(包括动力时程线法和动力等效值法)来分析不同等级强震作用下坝坡的地震稳定性,研究可引发溃坝的坝坡失稳状态,分析大坝的极限抗震能力。

(2)从地震永久变形的角度分析大坝的极限抗震能力。计算不同等级强震作用下大坝的地震永久变形,研究地震永久变形与大坝整体安全的关系,分析大坝的极限抗震能力。

(3)从单元抗震安全性及防渗体安全的角度分析大坝的极限抗震能力。计算不同等级强震作用下大坝的单元抗震安全系数,评判单元动力剪切破坏的可能性及防渗体的安全性及其与大坝整体安全的关系,分析大坝的极限抗震能力。

(4)综合分析大坝的极限抗震能力。基于上述数值分析结果,综合稳定、变形、防渗体安全等,分析大坝的极限抗震能力。

结合 7.3.1 节所述心墙堆石坝工程,采用上述分析方法评价其极限抗震能力。

1. 从坝坡稳定的角度分析大坝的极限抗震能力

在动力反应分析的基础上,采用动力时程线法分析了不同等级强震作用下坝坡的地震稳定性。

不同等级强震作用下坝坡的地震稳定性计算结果汇总于表 7.8 中。

表 7.8　坝体不同等级强震作用下坝坡的抗震稳定性

	输入基岩峰值加速度/g		0.50	0.55	0.60	0.70
坝坡抗震稳定最小安全系数	上游坡	动力时程线法	0.95	0.89	0.82	0.71
		动力等效值法	1.21	1.09	1.02	0.91
	下游坡	动力时程线法	0.98	0.92	0.87	0.77
		动力等效值法	1.24	1.13	1.05	0.94

由表 7.8 可见,当输入基岩峰值加速度为 0.50g 时,按动力时程线法算得大坝上、下游坝坡抗震稳定安全系数时程曲线最小值小于1,但仍比较接近1,而且按动力等效值法算得的最小安全系数均大于1.2,满足不溃坝的抗震稳定性要求。

当输入基岩峰值加速度为 0.55g 时,按动力时程线法算得大坝上、下游坝坡抗震稳定安全系数时程曲线最小值小于1,但按动力等效值法算得的最小安全系数仍然在1.1左右,整体上依然可满足不溃坝的抗震稳定性要求。

当输入基岩峰值加速度为 0.60g 时,按动力时程线法算得大坝上、下游坝坡抗震稳定安全系数时程曲线最小值小于1,按动力等效值法算得的最小安全系数比较接近 1,均小于 1.1,结合其他因素判断,此地震作用下,难以保证坝坡的整体安全性。

当输入基岩峰值加速度为 0.70g 时,按动力时程线法算得大坝上、下游坝坡抗震稳定安全系数时程曲线最小值远小于 1,按动力等效值法算得的最小安全系数也小于 1,此地震作用下,大坝的整体安全性得不到保证。

综上分析,从坝坡稳定的角度来看,大坝的极限抗震能力为 0.5g~0.55g。

2. 从地震残余变形的角度分析大坝的极限抗震能力

不同等级强震作用下大坝地震残余变形计算结果汇总于表 7.9 中。

表 7.9 不同等级强震作用下大坝的地震残余变形

输入基岩峰值加速度/g	0.50	0.55	0.60	0.70
最大震陷/cm	156.6	177.6	196.2	254.3
最大震陷占坝高的比例/%	0.65	0.74	0.82	1.06
震陷倾度/%	0.63	0.71	0.79	1.02

由表 7.9 可见,当输入基岩峰值加速度为 0.70g 时,大坝产生了很大的地震残余变形,最大震陷达 254cm,为坝高的 1.06%,占坝高比例超过了规范建议取的坝高的 1%。在这种显著的地震残余变形下,抗震分析和抗震设计的不确定因素很多,难以确保大坝的整体安全性。结合相关震害资料分析,当最大震陷超过坝高的 0.7%~0.8% 时,可产生明显震害,并可能导致严重后果。

综上分析,从地震残余变形的角度来看,大坝的极限抗震能力为 0.55g~0.60g。

3. 从防渗体安全的角度分析大坝的极限抗震能力

由表 7.10 可见,随着输入基岩加速度的增大,防渗墙拉应力区的范围也逐渐扩大,防渗墙坝轴向静动力叠加后拉应力最大值逐渐达到了 3MPa。当输入基岩峰值加速度为 0.70g 时,防渗墙坝轴向四周均为拉应力区,岸坡处的拉应力值超过了 3MPa。

表 7.10 不同等级强震作用下的防渗墙拉应力

输入基岩峰值加速度/g	0.50	0.55	0.60	0.70
防渗墙坝轴向静动力叠加后拉应力最大值/MPa	2.55	2.71	2.89	3.42

根据不同等级强震作用下大坝的单元抗震安全系数、液化可能性、单元动力剪切破坏的可能性及防渗体的安全性等结果来看,当输入基岩峰值加速度大于 0.55g 时,由于下游砂层全部挖除,坝下上游砂层深埋于坝下,上覆土层压力大,不会产生液化,但坝体中出现了较多单元抗震安全系数小于 1 的区域,尤其是心墙上部 1/4 区域逐步发展成大面积的贯通的剪切破坏区,坝顶及坝顶附近 1/4 坝高范围内的坝坡内也有严重的剪切破坏区;防渗墙出现了较大范围的拉应力区,最大拉应力值达 3MPa。坝坡内的剪切破坏区可引发坝坡的失稳和滑动,而心墙内的剪切破坏区可造

成防渗体失效,导致危及大坝整体安全的严重后果。

从单元抗震安全性及防渗体安全的角度来看,大坝的极限抗震能力为 $0.50g$～$0.55g$。

基于上述计算结果,综合稳定、变形、防渗体安全等,初步认为大坝的极限抗震能力为 $0.50g$～$0.55g$。

鉴于问题的复杂性,今后宜结合实际震害资料和模型试验等进行深入探讨和研究。

参 考 文 献

[1]中华人民共和国国家标准.碾压土石坝设计规范(SL 274—2001).北京:科学出版社,2001.

[2]中华人民共和国国家标准.水工建筑物抗震设计规范(DL 5073—2000).北京:中国建筑工业出版社,2000.

[3]李红军.高土石坝地震变形分析抗震安全评价.大连:大连理工大学博士学位论文,2008.

[4]水利部建管司."5·12"汶川特大地震震损水库险情分析与应急处置.2008.

[5]水利部紫坪铺大坝现场专家组."5.12"地震后紫坪铺混凝土面板堆石坝安全监测与现场检查资料分析报告.2008.

[6]赵剑明,刘小生,温彦锋,等.紫坪铺大坝汶川地震震害分析及高土石坝抗震减灾研究设想.水力发电,2009,35(5):11-14.

[7]刘小生,王钟宁,汪小刚,等.面板坝大型振动台模型试验与动力分析.北京:中国水利水电出版社,知识产权出版社,2005.

[8]赵剑明,常亚屏,陈宁.加强高土石坝抗震研究的现实意义及工作展望.世界地震工程,2004,20(1):95-99.

第8章 实际工程应用

8.1 工程1——黏土心墙堆石坝工程

8.1.1 工程概况

该工程采用心墙堆石坝,最大坝高261.50m,总库容为237.03×10⁸m³。正常蓄水位为812m[1]。

经国家地震局地震烈度评定委员会审查通过,本工程地震基本烈度为7度。100年超越概率为2%基岩水平向峰值加速度0.283g。

由于该坝属超高坝,且水利枢纽为一等工程,工程规模为大(Ⅰ)型级别,坝址区的地震基本烈度为7度,因此对坝体填筑、蓄水后运行期的应力与变形以及地震情况下坝体的地震响应进行深入分析,并对该坝的抗震性能进行综合评价,提出可行的抗震工程措施。

8.1.2 计算方法简介

1. 计算概况

采用中点增量法进行分级加荷,坝体有限元网格剖分见图8.1。

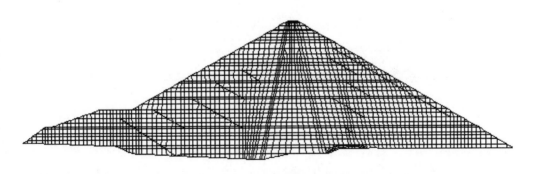

图8.1 坝体网格剖分

2. 静力计算分析

静力分析采用非线性静力有限元分析方法,土石料的本构模型采用 Duncan-Chang E-B 模型,坝体静力计算参数见表8.1。

表 8.1　静力计算参数

土料名称	$\gamma/(kN/m^3)$	$\gamma'/(kN/m^3)$	$\varphi/(°)$	$\Delta\varphi/(°)$	R_f	K	n	K_b	m
硬岩料	19.95	12.14	54.37	10.47	0.719	1491	0.241	683	0.101
软岩料	21.09	12.30	51.36	9.58	0.706	1400	0.175	474	0.145
细堆石料	20.35	12.31	50.54	6.73	0.692	1100	0.280	530	0.120
Ⅱ反滤料	18.93	11.73	52.60	10.16	0.761	1100	0.235	340	0.170
Ⅰ反滤料	19.58	11.43	50.95	7.97	0.66	1020	0.27	480	0.24
心墙料	21.56	11.79	39.47	9.72	0.755	388	0.311	206	0.257
不掺砾料	20.17	11.23	36.69	9.92	0.783	264	0.49	134	0.4

静力计算整理了竣工期、正常高水位蓄水期两种工况的计算结果,如表 8.2 所示。

表 8.2　静力计算结果

工况	水平位移/cm	垂直位移/cm	σ_1/kPa	σ_3/kPa	τ_{max}/kPa
竣工期	−61.4	−449.3	5545.8	1826.7	−1000.5
蓄水期	259.7	−431.0	5380.8	1921.0	−1435.0

3. 动力计算分析

动力反应分析采用 Wilson-θ 法进行动力反应方程的数值积分,土石料的动力本构模型采用等价线性化黏弹性模型,计算中模量衰减及阻尼比与动应变的关系直接采用试验曲线 G/G_{max}-γ_d 和 λ-γ_d。

动力计算工况见表 8.3。

表 8.3　动力计算工况

动力计算工况	顺河向	竖向
1	场地谱人工波 No.1	2/3 场地谱人工波 No.2
2	场地谱人工波 No.2	2/3 场地谱人工波 No.3
3	场地谱人工波 No.1	2/3 场地谱人工波 No.3
4	规范谱人工波 No.4	2/3 规范谱人工波 No.5
5	规范谱人工波 No.6	2/3 规范谱人工波 No.5
6	规范谱人工波 No.6	2/3 规范谱人工波 No.4
7	实测地震波 CHNCA04229	实测地震波 CHNCA04230

将各计算工况动力有限元结果的加速度、动位移最大值汇总于表 8.4。

表 8.4　动力计算结果

工况	坝体最大剖面						
	水平向最大加速度/g	水平向加速度放大倍数	竖向最大加速度/g	竖向加速度放大倍数	最大动剪应力/kPa	水平向最大位移/cm	竖向最大位移/cm
1	0.476	1.68	−0.351	1.86	667.7	23.017	9.763
2	0.553	1.95	0.327	1.73	910.1	33.472	−10.839
3	0.436	1.54	0.384	2.03	674.1	22.566	−12.131
4	−0.400	1.41	0.276	1.46	398.8	10.986	−4.357
5	0.317	1.12	0.243	1.29	352.2	8.877	−4.542
6	−0.332	1.17	−0.277	1.47	355.7	9.235	3.899
7	0.331	1.17	0.188	3.03	126.2	1.563	−1.037

8.1.3　整体地震变形分析

根据地震资料,该工程区域的最大地震震级按 7 级考虑,等效循环周数 N_{eq} 取 12 周。地震永久变形计算参数见表 8.5 和表 8.6。

表 8.5　残余体应变系数和指数

土料名称	k_c	干密度/(g/cm³)	σ'_3/kPa	k_v	m_v
细堆石料	2	2.00	200	0.8523	1.7498
			600	1.9305	1.9432
			1000	5.5223	2.0636
花岗岩粗堆石料	2	1.98	200	0.7546	2.4599
			600	2.1594	2.2508
			1000	5.8399	2.1754
反滤 II	2	1.89	200	1.3383	1.7470
			1000	5.4297	1.7363
砂泥岩粗堆石料	2	2.12	200	3.0764	2.2147
			1000	7.9264	1.6570

表 8.6　残余轴向应变系数和指数

土料名称	k_c	干密度/(g/cm³)	σ'_3/kPa	k_v	m_v
细堆石料	2	2.00	200	1.2177	1.9133
			600	3.0356	1.8805
			1000	10.5960	2.0206
花岗岩粗堆石料	2	1.98	200	1.2044	2.1329
			600	4.0120	2.1677
			1000	5.5212	1.5016
反滤 II	2	1.89	200	0.7357	2.2474
			1000	4.8649	1.7122
砂泥岩粗堆石料	2	2.12	200	2.9671	3.0736
			1000	11.356	2.5712

1. 简化分析法

基于简化分析法得到的各动力工况下的坝体地震变形分析结果如表 8.7 所示。

表 8.7　简化分析法计算结果

工况	地震波	应变势平均值/%	水平位移/cm
1	输入 1	0.187	48.9
2	输入 2	0.239	62.5
3	输入 3	0.198	51.54
4	输入 4	0.167	43.62
5	输入 5	0.146	38.19
6	输入 6	0.148	38.58
7	实测波	0.046	11.99

2. 软化模量法

由表 8.8 中地震永久变形的计算结果可以看出,场地波输入的地震永久变形较大。最大地震永久变形:水平向下游为 56.8cm,竖直向下为 100.8cm,均不足坝高的 0.5%。

表 8.8　软化模量法计算结果

工况	地震波	顺河向/cm(向下游为正)	竖向/cm(向上为正)
1	输入 1	47.900	1.800
		−16.400	−100.800
2	输入 2	56.800	0.600
		−34.100	−94.650
3	输入 3	32.500	1.800
		−21.600	−87.400
4	输入 4	37.500	2.200
		−15.800	−10.200
5	输入 5	35.700	0.300
		−15.550	−66.400
6	输入 6	25.100	0.600
		−32.500	−64.200
7	实测波	17.800	3.100
		−1.400	−18.800

如图 8.2～图 8.4 所示,最大地震永久变形发生在河床中间部位,坝体剖面上以

坝顶下游侧变化最为显著，变形方向为水平向下游及竖直向下，地震永久变形以 1/2 坝高附近上游坝坡的变形较大，变形形式主要是震陷。

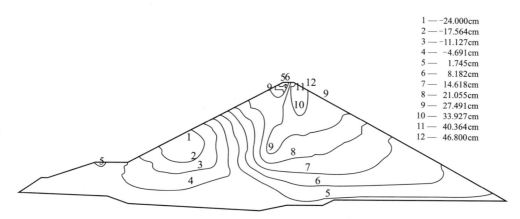

1 —— -24.000cm
2 —— -17.564cm
3 —— -11.127cm
4 —— -4.691cm
5 —— 1.745cm
6 —— 8.182cm
7 —— 14.618cm
8 —— 21.055cm
9 —— 27.491cm
10 —— 33.927cm
11 —— 40.364cm
12 —— 46.800cm

图 8.2　顺河向地震永久变形（工况 2）

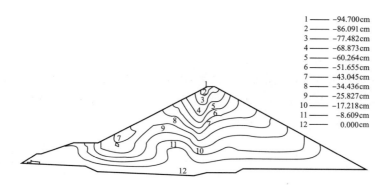

1 —— -94.700cm
2 —— -86.091 cm
3 —— -77.482cm
4 —— -68.873cm
5 —— -60.264cm
6 —— -51.655cm
7 —— -43.045cm
8 —— -34.436cm
9 —— -25.827cm
10 —— -17.218cm
11 —— -8.609cm
12 —— 0.000cm

图 8.3　竖向地震永久变形（工况 2）

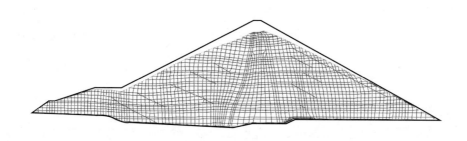

图 8.4　坝体变形示意图（工况 2）（放大倍数 15）

3. 等效节点力法

从表 8.9 所列永久变形计算结果可以看出，最大地震永久变形：水平向下游为 53.8cm，竖直向下为 104.1cm，均不足坝高的 0.5％，变形以沉陷为主。

表 8.9　等效节点力法计算结果

工况	地震波	顺河向/cm(向下游为正)	竖向/cm(向上为正)
1	输入 1	49.7	0.3
		−10.1	−91.2
2	输入 2	53.8	0.9
		−12.8	−104.1
3	输入 3	37.4	0.7
		−8.5	−77.9
4	输入 4	33.8	1.2
		−6.8	−60.8
5	输入 5	25.8	0.4
		−10.8	−67.3
6	输入 6	21.3	0.3
		−7.8	−65.9
7	实测波	6.8	0.1
		−3.8	−15.1

从图 8.5~图 8.7 可见,地震永久变形的最大值发生在上游迎水面部位,在坝体剖面上以坝顶下游侧变化最为显著,变形方向除上游少部分由于自重的影响向上游方向变形外,大部分为水平向下游和竖直向下。

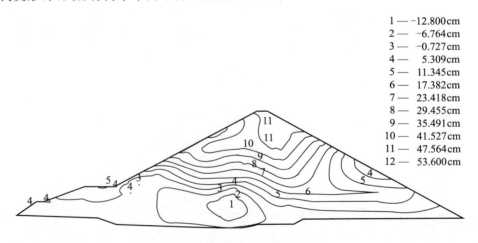

```
1 —  −12.800cm
2 —  −6.764cm
3 —  −0.727cm
4 —   5.309cm
5 —  11.345cm
6 —  17.382cm
7 —  23.418cm
8 —  29.455cm
9 —  35.491cm
10 — 41.527cm
11 — 47.564cm
12 — 53.600cm
```

图 8.5　坝体顺河向变形(工况 2)

4. 等价惯性力法

从表 8.10 所列地震永久变形计算结果可以看出,最大地震永久变形:水平向上游为 91.0cm,竖直向下为 46.3cm,均不足坝高的 0.5%。

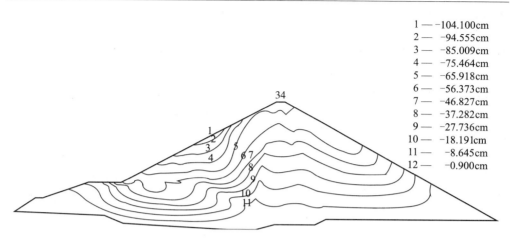

1 —	−104.100cm
2 —	−94.555cm
3 —	−85.009cm
4 —	−75.464cm
5 —	−65.918cm
6 —	−56.373cm
7 —	−46.827cm
8 —	−37.282cm
9 —	−27.736cm
10 —	−18.191cm
11 —	−8.645cm
12 —	−0.900cm

图 8.6　坝体竖向永久变形（工况 2）

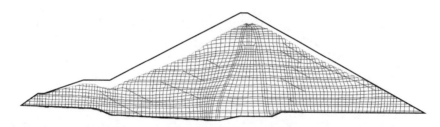

图 8.7　坝体变形示意图（工况 2）（放大 15 倍）

表 8.10　等价惯性力法计算结果

工况	地震波	顺河向/cm（向下游为正）	竖向/cm（向上为正）
10	输入 1	8.9	0.000
		−89.9	−46.300
11	输入 2	9.000	0.000
		−91.00	−44.00
12	输入 3	9.9	0.000
		−84.5	−44.5
13	输入 4	5.8	0.000
		−29.1	−33.9
14	输入 5	5.5	0.000
		−28.2	−32.5
15	输入 6	5.8	0.000
		−32.5	−36.00
16	实测波	1.9	0.000
		−6.3	−7.2

从图 8.8～图 8.10 可见,最大地震竖向永久变形发生在上游迎水面部位,水平向永久变形发生在坝顶及 1/2 坝高偏下部位的上游坡变形较大,坝顶地震永久变形以水平向上游和竖直向下倾斜为主,1/2 坝高偏下部位的上游坡变形基本上是震陷。从地震动力反应可看出,这两个部位均属地震作用效应变化较大的部位,容易产生较大的动剪应力,再加上这两个区域位于坝体表面,固结应力较小,易引发较大的地震永久变形。

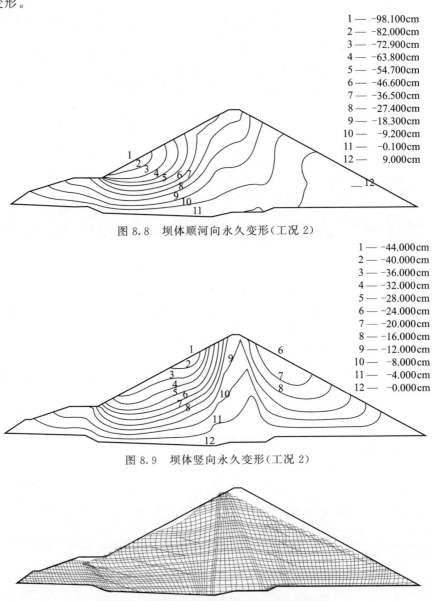

$$
\begin{array}{l}
1 — -98.100\text{cm} \\
2 — -82.000\text{cm} \\
3 — -72.900\text{cm} \\
4 — -63.800\text{cm} \\
5 — -54.700\text{cm} \\
6 — -46.600\text{cm} \\
7 — -36.500\text{cm} \\
8 — -27.400\text{cm} \\
9 — -18.300\text{cm} \\
10 — -9.200\text{cm} \\
11 — -0.100\text{cm} \\
12 — 9.000\text{cm}
\end{array}
$$

图 8.8　坝体顺河向永久变形(工况 2)

$$
\begin{array}{l}
1 — -44.000\text{cm} \\
2 — -40.000\text{cm} \\
3 — -36.000\text{cm} \\
4 — -32.000\text{cm} \\
5 — -28.000\text{cm} \\
6 — -24.000\text{cm} \\
7 — -20.000\text{cm} \\
8 — -16.000\text{cm} \\
9 — -12.000\text{cm} \\
10 — -8.000\text{cm} \\
11 — -4.000\text{cm} \\
12 — -0.000\text{cm}
\end{array}
$$

图 8.9　坝体竖向永久变形(工况 2)

图 8.10　坝体变形示意图(工况 2)(放大 15 倍)

8.1.4　滑动变形分析

采用瑞典圆弧法对该最大剖面进行稳定分析。稳定分析参数见表 8.11。

表 8.11　坝料强度计算参数

坝料	σ_3/kPa	有效强度		非线性强度	
		c/kPa	$\varphi/(°)$	$\varphi_0/(°)$	$\Delta\varphi/(°)$
I 区堆石料	0~500	0	43	53.12	11.26
	500~2500	130	38		
II 区堆石料	0~1000	0	40	50.90	10.32
	1000~2500	190	36		
细堆石料	100~500	0	43	52.00	7.80
	500~2500	80	40		
II 反	100~500	0	41	52.60	10.16
	500~2500	75	38		
I 反	0~500	0	42	51.35	8.70
	500~2500	100	38		
掺砾土料	100~900	24	27	37.91	10.34
	900~2500	139	23		

瑞典圆弧法分别采用表 8.11 的线性强度和非线性强度进行计算,荷载组合为正常高水位＋地震,具体计算工况见表 8.12 和表 8.13,滑弧位置见图 8.11。线性强度分析时滑弧较浅;非线性分析时滑弧较深,安全系数较大。可以看出,计算的最小安全系数均大于允许安全系数,表明坝体是稳定安全的,其抗震稳定性较好。

表 8.12　瑞典圆弧法(正常高水位(812)＋地震)(线性强度)

工况	圆弧	圆心	半径	最小安全系数
上游	AU1	209.7960,1187.18	489.7499	1.467
	AU2	189.2660,1200.00	525.0643	1.560
下游	AD1	737.9530,1195.57	428.8621	1.646
	AD2	772.9880,1200.00	450.2579	1.631

表 8.13　瑞典圆弧法(正常高水位(812)＋地震)(非线性强度)

工况	圆弧	圆心	半径	最小安全系数
上游	AU3	232.5850,1199.92	499.1088	1.831
	AU4	344.6290,904.98	215.9441	1.857
下游	AD3	890.3280,1048.84	416.6771	1.921
	AD4	946.2800,1200.00	568.6785	1.942

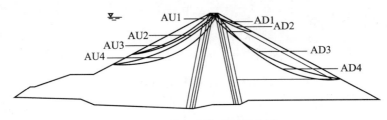

图 8.11 最危险滑动面示意图

在稳定分析结果基础上,采用改进的 Newmark 滑块法对 7 种地震输入工况下的坝体地震滑移变形进行计算分析。

1. 考虑时程竖向加速度影响

由表 8.14 所示计算结果来看,坝体上游坝坡线性强度的最大水平位移为 114.8cm,最大竖向位移为 58.5cm;非线性强度的最大水平位移为 65.9cm,最大竖向位移为 30.7cm。下游坝坡线性强度的最大水平位移为 25.0cm,最大竖向位移为 11.7cm;非线性强度的最大水平位移为 8.9cm,竖向位移为 4.8cm。规范波和实测地震波,上、下游坝坡的地震永久位移很小。

表 8.14 坝体滑移变形 (单位:cm)

圆弧		工况 1		工况 2		工况 3		工况 4		工况 5		工况 6		工况 7	
		水平	竖向	水平	竖向	水平	竖向	水平	竖向	水平	竖向	水平	竖向	水平	竖向
上游	AU1	63.2	32.2	114.8	58.5	62.6	31.9	1.1	0.6	0.1	0.1				
	AU2	43.6	21.3	84.0	41.0	42.1	20.5	0.2	0.1						
	AU3	29.4	13.7	65.9	30.7	31.1	14.5	0.2	0.1						
	AU4	22.7	11.6	35.7	18.2	16.8	8.6								
下游	AD1	13.4	5.7	23.9	10.1	12.2	5.2								
	AD2	12.6	5.6	25.0	11.7	8.3	3.9								
	AD3	6.3	3.5	8.9	4.8	6.2	3.4								
	AD4	3.9	2.0	7.2	3.7	4.1	2.1								

如图 8.12～图 8.15 所示,考虑滑动体竖向加速度来确定屈服加速度时,屈服加速度随着地震时程的变化而变化,充分反映了实际地震对计算滑动体位移的影响。

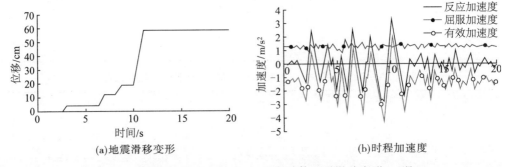

(a)地震滑移变形 (b)时程加速度

图 8.12 考虑时程竖向加速度 AU1 滑动体地震滑移变形(工况 2)

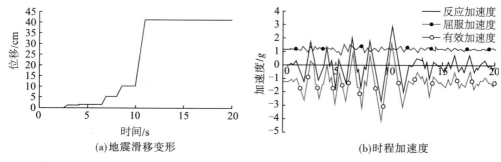

图 8.13　考虑时程竖向加速度 AU2 滑动体地震滑移变形(工况 2)

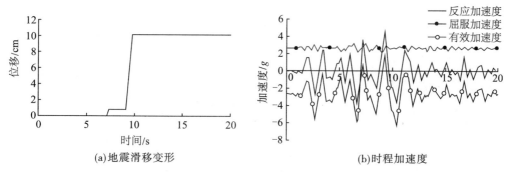

图 8.14　考虑时程竖向加速度 AD1 滑动体地震滑移变形(工况 2)

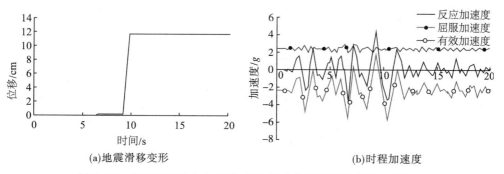

图 8.15　考虑时程竖向加速度 AD2 滑动体地震滑移变形(工况 2)

2. 考虑动强度影响

表 8.15 给出了反滤Ⅰ、心墙掺砾料、心墙天然混合土料的地震总应力抗剪强度参数值。表 8.16 和表 8.17 给出了砂泥岩粗堆石料和反滤Ⅱ两种坝料的地震总应力抗剪强度参数值。

表 8.15　反滤Ⅰ、心墙掺砾料、心墙天然混合土料抗剪强度参数值

土料	N/次	σ'_{f0}/kPa	τ_{fs0}/kPa	$\tan\varphi_{d0}$	ζ/kPa	β
反滤Ⅰ	12	0~250	0.00	0.253	0.0	1.621
		250~1030	8.05	0.193	107.8	1.250

续表

土料	N/次	σ'_{f0}/kPa	τ_{fs0}/kPa	$\tan\varphi_{d0}$	ζ/kPa	β
反滤Ⅰ	20	0～250	0.00	0.209	0.0	1.604
		250～1030	4.19	0.169	102.7	1.242
心墙掺砾料	12	276～1143	55.05	0.383	237.4	0.448
	20	276～1143	56.06	0.359	217.3	0.467
心墙混合料	12	290～1159	83.67	0.333	92.9	0.417
	20	290～1159	83.01	0.320	91.6	0.410

表 8.16　砂泥岩粗堆石料抗剪强度参数值

K_c	σ'_3	σ'_1	τ_0	τ_{f0}	σ'_{f0}	α	$\Delta\tau/\sigma'_0$	$\Delta\tau_f$	τ_{fs}	φ
2.0	200	300	100	76.6	235.7	0.33	0.515	118.4	195.0	39.2
	1000	1500	500	383.0	1178.5		0.295	339.0	722.0	31.5

表 8.17　反滤Ⅱ抗剪强度参数值

K_c	σ'_3	σ'_1	τ_0	τ_{f0}	σ'_{f0}	α	$\Delta\tau/\sigma'_0$	$\Delta\tau_f$	τ_{fs}	φ
2.0	200	450	150	113.2	351.6	0.32	0.550	186.9	300.1	40.5
	1000	1500	500	377.4	1172.0		0.300	354.6	732.0	32.0

从表 8.18 计算结果可以看出,心墙掺砾料和心墙混合料在饱和及非饱和情况下,其地震总应力抗剪强度基本高于静力有效抗剪强度,应该取其静力有效抗剪强度。

表 8.18　Newmark 法滑移变形　　　　　　（单位：cm）

圆弧		工况 1		工况 2		工况 3		工况 4		工况 5		工况 6		工况 7	
		水平	竖向	水平	竖向	水平	竖向	水平	竖向	水平	竖向	水平	竖向	水平	竖向
上游	AU1	60.0	30.6	118.1	60.2	59.2	30.2	0.5	0.3	0.1	0.1				
	AU2	22.4	10.9	52.8	25.8	20.3	10.0	0.0	0.0						
	AU3	35.4	16.5	73.1	34.1	36.7	17.1	0.1	0.1						
	AU4	11.6	5.9	17.1	8.7	6.1	3.0								
下游	AD1	12.6	5.3	24.6	10.4	11.4	4.8								
	AD2	5.1	2.4	8.2	3.8	3.7	1.7								
	AD3	0.5	0.3	1.2	0.7	0.4	0.2								
	AD4	0.1	0.1	0.8	0.4	0.1	0.1								

从表 8.18 可见,场地谱计算得到的永久位移均明显大于规范谱和实测地震波计算的结果,上游坝坡产生的滑动位移大于下游产生的滑动位移,线性强度的最危险圆弧滑动面产生的位移大于非线性强度圆弧滑动面产生的滑动位移。直心墙坝上游坝

坡采用线性强度确定的滑动体最大水平位移为 118.8cm,最大竖向位移为 60.2cm;采用非线性强度确定的滑动体最大水平位移为 73.1cm,最大竖向位移为 34.1cm,下游坝坡采用线性强度确定的滑动体最大水平位移为 24.6cm,最大竖向位移为 10.4cm;采用非线性强度确定的滑动体最大水平位移为 1.2cm,最大竖向位移为 0.7cm。规范波和实测地震波,上下游坝坡的计算地震滑动位移很小。

如图 8.16～图 8.19 所示,当采用土体的动强度并考虑时程竖向加速度的影响来确定滑块的屈服加速度时,屈服加速度随着地震时程的变化而变化,滑动体的位移与不考虑竖向加速度滑动体永久位移有较大的差异。8 个滑动体的地震滑动位移中,大多数滑动位移都比采用静力抗剪强度计算的滑动位移有所升高。

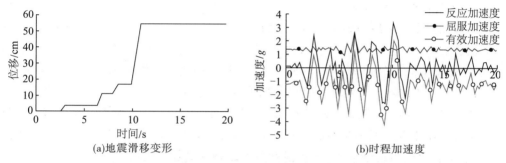

图 8.16　考虑动强度 AU1 滑动体地震滑移变形(工况 2)

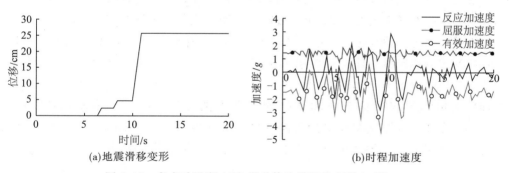

图 8.17　考虑动强度 AU2 滑动体地震滑移变形(工况 2)

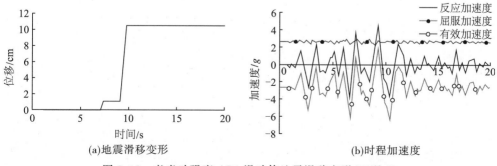

图 8.18　考虑动强度 AD1 滑动体地震滑移变形(工况 2)

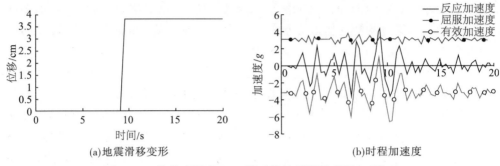

(a)地震滑移变形　　　　　　　　　　　　(b)时程加速度

图 8.19　考虑动强度 AD2 滑动体地震滑移变形(工况 2)

3. 考虑振动孔压影响

针对反滤Ⅰ、心墙掺砾料、心墙天然混合土料不同的固结应力和不同的固结比进行了线性插值,得到不同条件下的动剪应力比 $\Delta\tau/\sigma_0'$ 和动孔隙水压力的线性关系。例如,对反滤Ⅰ线性插值为 $y=1.7678x+0.0257$,确定了线性插值因子 $A=1.7678$,$B=0.0257$。得到以上三种材料的线性插值因子,详见表 4.6。

地震时,土颗粒受到水平和竖向地震的往复剪切运动,土体将发生往复变形,致使土颗粒重新排列。对渗透系数小的土体,其孔隙水压力会逐渐升高。孔隙水压力升高,土体有效应力逐渐减小,导致强度降低影响屈服加速度的大小。

从表 8.19 所示计算结果可以看出,场地谱计算的永久滑动位移均明显大于规范谱和实测地震波计算的结果,上游坝坡产生的滑动位移大于下游产生的滑动位移,采用线性强度确定的滑动体产生的地震滑动位移大于采用非线性强度确定的滑动体。采用线性强度确定滑动体的最大水平位移为 114.8cm,最大竖向位移为 58.5cm;采用非线性强度确定滑动体的最大水平位移为 66.9cm,最大竖向位移为 31.2cm。下游坝坡采用线性强度确定滑动体的最大水平位移为 25.3cm,最大竖向位移为 11.8cm;采用非线性强度确定滑动体的最大水平位移为 18.1cm,最大竖向位移为 10.1cm。规范波和实测地震波上下游坝坡的地震滑移位移很小。

表 8.19　Newmark 法滑移变形　　　　　　　　(单位:cm)

圆弧		工况 1		工况 2		工况 3		工况 4		工况 5		工况 6		工况 7	
		水平	竖向	水平	竖向	水平	竖向	水平	竖向	水平	竖向	水平	竖向	水平	竖向
上游	AU1	63.8	32.5	114.8	58.5	62.7	31.9	0.5	0.3	0.1	0.1	0.0	0.0	0.0	0.0
	AU2	48.9	23.9	84.9	41.4	42.9	20.9	0.3	0.2	0.0	0.0	0.0	0.0	0.0	0.0
	AU3	33.6	15.7	66.9	31.2	31.5	14.7	0.1	0.1	0.0	0.0	0.0	0.0	0.0	0.0
	AU4	27.9	14.2	37.2	19.0	17.4	8.9	0.0	0.0	0.0	0.0	0.0	0.0	0.0	0.0
下游	AD1	19.3	8.2	25.2	10.7	12.7	5.4	0.0	0.0	0.0	0.0	0.0	0.0	0.0	0.0
	AD2	13.7	6.4	25.3	11.8	8.5	4.0	0.0	0.0	0.0	0.0	0.0	0.0	0.0	0.0
	AD3	18.1	10.1	10.6	5.9	7.6	4.2	0.0	0.0	0.0	0.0	0.0	0.0	0.1	0.1
	AD4	17.2	8.8	8.9	4.5	5.4	2.8	0.0	0.0	0.0	0.0	0.0	0.0	0.0	0.0

如图 8.20～图 8.23 所示,当考虑滑块在地震过程中产生的超孔隙水压力来确定屈服加速度时,屈服加速度随着孔隙水压力的增大而降低。从计算结果可以看出,超孔隙水压力对采用线性强度确定的滑动体位移影响小,对采用非线性强度确定的滑动体影响较大。由最危险滑弧位置示意图可知,形成孔压的筑坝材料反滤Ⅰ和心墙料在滑动体的滑弧上所占比重很小,以及由于反滤Ⅱ及过渡层的透水性反滤Ⅰ和心墙料的渗径很短,地震过程中产生的孔隙水压力有限,故孔压升高对计算结果影响不大。

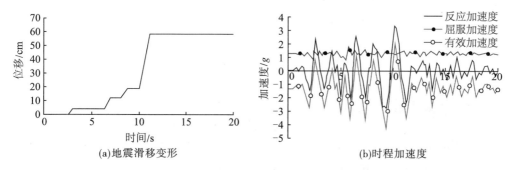

图 8.20　考虑振动孔压影响 AU1 滑动体地震滑移变形(工况 2)

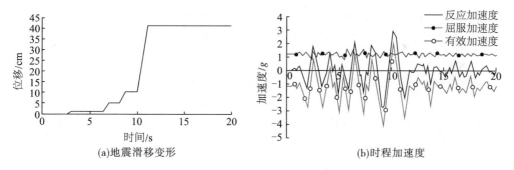

图 8.21　考虑振动孔压影响 AU2 滑动体地震滑移变形(工况 2)

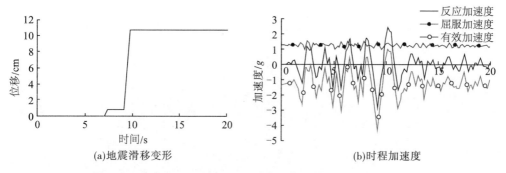

图 8.22　考虑振动孔压影响 AD1 滑动体地震滑移变形(工况 2)

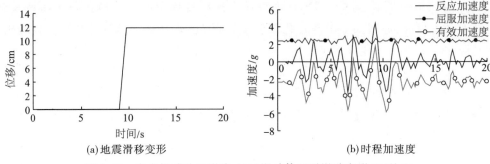

(a)地震滑移变形   (b)时程加速度

图 8.23   考虑振动孔压影响 AD2 滑动体地震滑移变形(工况 2)

8.2   工程 2——黏土心墙堆石坝工程

8.2.1   工程概况

该工程为一等大(1)型工程,挡水、泄洪、引水及发电等永久性主要建筑物为 1 级建筑物,永久性次要建筑物为 3 级建筑物,临时建筑物为 3 级建筑物[2]。

工程场址地震基本烈度为 8 度。工程壅水建筑物抗震设防类别为甲类,拟按 9 度抗震设防;非壅水建筑物抗震设防类别为乙类,拟按 8 度进行抗震设计。场地地震安全性评价成果:基岩水平峰值加速度 50 年超越概率 10%为 172Gal,50 年内超越概率 5%时为 222Gal,100 年超越概率 2%时为 359Gal。

拦河大坝采用砾石土心墙堆石坝,坝顶高程 1697.00m,基面最低高程 1457.00m,最大坝高 240m;坝顶宽度 16.00m,上、下游坝坡均为 1:2.0;心墙顶高程 1696.4m,顶宽 6m,上、下游坡均为 1:0.25。上、下游反滤层水平厚度分别为 8m 和 12m,上、下游过渡层水平厚度均为 20m。

8.2.2   计算方法简介

1. 计算概况

采用中点增量法进行分级加荷,坝体有限元网格剖分见图 8.24。

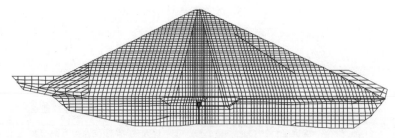

图 8.24   坝体网格剖分

2. 静力计算分析

静力分析采用非线性静力有限元分析方法,土石料的本构模型采用 Duncan-Chang E-B 模型,坝体静力计算参数见表 8.20。

表 8.20　静力计算参数

项　目	填筑密度 /(g/cm³)	干密度 /(g/cm³)	浮密度 /(g/cm³)	非线性指标		线性指标		R_f	k	n	k_b	m
				φ_0 /(°)	$\Delta\varphi$ /(°)	φ'/φ /(°)	c'/c /kPa					
堆石料Ⅰ	2.36	2.25	1.42	51.6	9.1	42.3	10	0.75	1694	0.21	585	−0.08
堆石料Ⅱ	2.24	2.13	1.34	48.1	7.1	40.1	35	0.80	1259	0.36	257	0.25
反滤料	2.32	2.19	1.37	41.3	4.3	36.3	37	0.85	933	0.37	230	0.43
心墙料 （新莲）	2.35	2.18	1.39	32	5.8	25/14.2	30/40	0.91	494	0.23	234	0.31
心墙料 （汤坝）	2.32	2.16	1.37	38	6.3	35.6/ 26.5	40/50	0.84	741	0.33	232	0.64
过渡料	2.21	2.10	1.32	50.8	9.8	40.4	30	0.73	1000	0.24	214	0.23

静力计算整理了竣工期、正常高水位蓄水期两种工况的计算结果,如表 8.21 所示。

表 8.21　静力计算结果

工况 内容		砂层全挖 竣工期
顺河向位移/cm	向上游	5.2
	向下游	170.1
竖向位移/cm	向下	369.2
坝体最大主应力/MPa		5.88
坝体最小主应力/MPa		4.114
防渗墙最大主应力/MPa		49.170
防渗墙最小主应力/MPa		−0.949

3. 动力计算分析

动力反应分析采用 Wilson-θ 法进行动力反应方程的数值积分,土石料的动力本构模型采用等价线性化黏弹性模型,计算中模量衰减及阻尼比与动应变的关系直接采用试验曲线 G/G_{max}-γ_d 和 λ-γ_d。

动力计算工况见表 8.22。

表 8.22　动力计算工况

动力工况	顺河向	竖向
1	场地谱人工波 06chhb. xg1	2/3×场地谱人工波 06chhb. xg3
2	规范谱人工波 05ld02. wv1	2/3×规范谱人工波 05ld02. wv3
3	实测地震波 04tr01. a	2/3×实测地震波 04tr01. c
4	实测地震波 04tr01. b	2/3×实测地震波 04tr01. c

由坝体动力响应分析结果可知,场地波地震动作用下即工况 1,坝体的动力响应最为强烈,工况 1 动力计算结果的加速度、动位移最大值汇总于表 8.23。

表 8.23　动力计算结果(工况 1)

最大加速度反应/(m/s²)	顺河向	7.47(放大倍数 2.08)
	坝轴向	7.07(放大倍数 1.97)
	竖向	4.79(放大倍数 2.00)
堆石最大动剪应力/kPa		521.1
主防渗墙最大动应力/MPa	竖向　动压应力	1.73
	竖向　动拉应力	1.54
	轴向　动压应力	1.79
	轴向　动拉应力	1.71
静动叠加主墙最大应力/MPa	最大压应力	38.62
	最大拉应力	2.21
静动叠加副墙最大应力/MPa	最大压应力	35.43
	最大拉应力	2.01
心墙抗震安全性	水力劈裂	不会发生水力劈裂
	动力剪切破坏	内部未发现动力剪切破坏

8.2.3　整体地震变形分析

根据地震资料,该工程区域的最大地震震级按 7.5 级考虑,等效循环周数 N_{eq} 取 20 周。地震永久变形计算参数见表 8.24 和表 8.25。

表 8.24　残余体应变系数和指数

土料	干密度/(g/cm³)	σ'_3/kPa	$N=12$ 次		$N=20$ 次		$N=30$ 次	
			k_v	n_v	k_v	n_v	k_v	n_v
堆石料	2.13	500	3.986	1.635	3.998	1.516	3.993	1.413
		1000	4.094	1.338	4.871	1.360	4.984	1.308
		1500	5.116	1.379	5.377	1.326	5.344	1.263
		2500	9.318	1.608	9.288	1.497	6.497	1.215

续表

土料	干密度/ (g/cm³)	σ'_3 /kPa	N=12 次		N=20 次		N=30 次	
			k_v	n_v	k_v	n_v	k_v	n_v
过渡料	2.10	500	3.175	1.407	3.376	1.348	3.656	1.346
		1000	6.552	1.571	6.925	1.525	7.028	1.468
		1500	5.204	1.301	5.058	1.193	5.228	1.150
		2500	4.054	0.976	4.763	0.985	5.310	0.992
反滤料	2.06	300	0.174	0.377	0.299	0.573	0.3734	0.5919
		500	1.247	1.066	1.728	1.104	7.203	1.882
		800	3.186	1.480	9.352	1.977	13.477	2.055
		1500	4.179	1.488	12.65	2.052	15.973	2.058
		2500	5.472	1.51	15.676	2.06	19.961	2.07
汤坝料(混)	1.96	300	0.545	1.860	0.889	1.945	1.267	1.966
		500	1.180	1.876	1.885	2.045	2.600	2.180
		800	1.821	1.909	3.346	2.046	6.804	2.240
		1500	3.578	2.061	5.935	2.092	11.370	2.327
		2500	5.628	2.060	10.674	2.146	17.447	2.333
心莲墙料	2.11	300	0.161	0.955	0.360	1.307	0.517	1.336
		500	0.863	1.689	1.214	1.642	1.766	1.653
		800	1.465	1.863	2.439	1.997	3.986	2.067
		1500	1.959	1.870	3.021	1.992	5.142	2.009
		2500	2.922	1.871	4.241	1.998	7.954	2.070

表 8.25　残余轴向应变系数和指数

土料	干密度/ (g/cm³)	σ'_3 /kPa	N=12 次		N=20 次		N=30 次	
			k_a	n_a	k_a	n_a	k_a	n_a
堆石料	2.13	500	11.580	2.101	10.871	1.957	10.050	1.806
		1000	11.455	1.681	11.221	1.603	12.493	1.615
		1500	14.024	1.654	15.336	1.653	15.365	1.597
		2500	23.373	1.809	31.124	1.896	29.356	1.798
过渡料	2.10	500	8.237	1.659	7.630	1.501	7.847	1.462
		1000	10.423	1.507	9.871	1.416	9.332	1.330
		1500	13.666	1.543	12.976	1.445	13.963	1.441
		2500	9.521	1.144	10.110	1.114	10.258	1.070

土料	干密度/ (g/cm³)	σ'_3 /kPa	N=12 次		N=20 次		N=30 次	
			k_a	n_a	k_a	n_a	k_a	n_a
反滤料	2.18	500	4.842	1.608	6.141	1.724	6.036	1.630
		1000	8.306	1.665	9.632	1.673	10.539	1.676
		1500	9.054	1.508	10.016	1.508	9.661	1.416
		2500	10.572	1.450	11.599	1.440	12.208	1.414
汤坝料(混)	1.96	300	6.381	1.435	7.301	1.435	8.133	1.447
		500	7.406	1.315	8.995	1.354	10.287	1.374
		800	7.680	1.250	11.487	1.386	12.625	1.405
		1500	10.254	1.294	16.322	1.473	17.740	1.492
		2500	13.591	1.363	20.848	1.504	22.894	1.539
心莲墙料	2.11	300	3.664	1.403	6.408	1.632	8.631	1.758
		500	6.019	1.509	10.097	1.653	15.769	1.782
		800	9.295	1.603	15.585	1.782	20.026	1.817
		1500	12.252	1.639	21.649	1.855	26.644	1.859
		2500	16.034	1.651	29.154	1.870	36.649	1.878

从表 8.26 所列各动力工况下永久变形计算结果可以看出,地震永久变形的大小与地震输入有关。场地谱人工波输入的地震永久变形最大,为控制工况。最大地震永久变形为顺河向向下游 19.65cm,竖直向下 116.6cm,坝轴向为 31.1cm 和 −27.9cm,均不足坝高的 0.5%。从地震永久变形的坝体变形可见,最大地震永久变形发生在河床中间部位,变形方向为水平向下游及竖直向下。

表 8.26　整体地震变形计算结果　　　　　　（单位：cm）

动力工况		坝体顺河向位移 （向下游为正）	坝体竖向位移 （向上为正）	坝轴向 （向右岸为正）
砂层 全挖	1	−15.50	−116.63	−27.85
		19.65	0.23	31.05
	2	−6.9	−55.35	−11.65
		9.9	0.85	14.1
	3	−6.00	−45.60	−11.55
		8.6	1.05	12.75

整理了控制工况场地谱人工波输入下三维计算地震永久变形图,如图 8.25～图 8.27 所示。

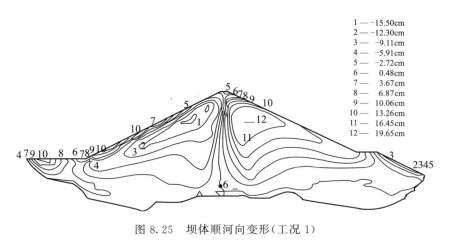

1 —	−15.50cm
2 —	−12.30cm
3 —	−9.11cm
4 —	−5.91cm
5 —	−2.72cm
6 —	0.48cm
7 —	3.67cm
8 —	6.87cm
9 —	10.06cm
10 —	13.26cm
11 —	16.45cm
12 —	19.65cm

图 8.25　坝体顺河向变形(工况 1)

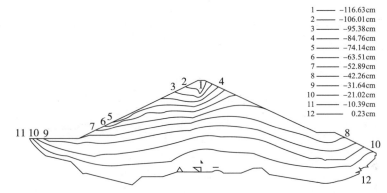

1 ——	−116.63cm
2 ——	−106.01cm
3 ——	−95.38cm
4 ——	−84.76cm
5 ——	−74.14cm
6 ——	−63.51cm
7 ——	−52.89cm
8 ——	−42.26cm
9 ——	−31.64cm
10 ——	−21.02cm
11 ——	−10.39cm
12 ——	0.23cm

图 8.26　坝体竖向永久变形(工况 1)

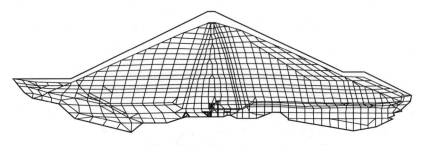

图 8.27　坝体变形示意图(工况 1)(放大 15 倍)

8.2.4　滑动变形分析

采用拟静力的瑞典圆弧法和简化毕肖普法对坝坡进行了抗滑稳定分析。计算中,分别采用线性强度和非线性强度,强度计算参数见表 8.20。荷载组合为正常高水位＋地震,地震烈度为 9 度。计算结果见表 8.27 和表 8.28,最危险滑弧位置见图 8.28。

表 8.27　瑞典圆弧法(正常蓄水位+地震)

工况	强度	圆弧	圆心	半径/m	最小安全系数	滑入点、滑出点高差
上游	线性强度	AU1	−339.232,2062.159	501.4372	1.316	130.9113
	非线性强度	AU3	−382.257,2088.700	556.026	1.523	129.9429
下游	线性强度	AD1	393.233,2199.129	652.140	1.616	160.2016
	非线性强度	AD3	385.409,2062.534	543.259	1.715	74.6954

表 8.28　简化毕肖普法(正常蓄水位+地震)

工况	强度	圆弧	圆心	半径/m	最小安全系数	滑入点、滑出点高差
上游	线性强度	AU2	−532.703,2500.000	970.103	1.367	139.2921
	非线性强度	AU4	−223.001,2005.803	391.837	1.612	99.9279
下游	线性强度	AD2	358.730,2209.291	629.270	1.655	174.0809
	非线性强度	AD4	500.000,2322.362	819.118	1.795	179.8587

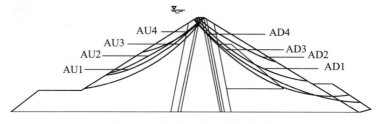

图 8.28　最危险滑动面示意图

从表 8.27 和表 8.28 可以看出,采用线性强度时坝坡稳定安全系数比对应工况情况下采用非线性强度低。采用线性强度时上游坝坡的最小安全系数为 1.316(瑞典法)、1.367(简化毕肖普法),均大于抗震规范规定的数值,满足抗震规范要求;下游坝坡的最小安全系数为 1.616(瑞典法)、1.655(简化毕肖普法),也均满足抗震规范要求。

从图 8.28 也可以看出,上、下游坝坡最危险滑动体长度较大,除 AU4、AD2 在坝的 1/2 高程处滑出,其滑入点与滑出点的高差小于 100m,其他滑动体滑入点与滑出点的高差均大于 100m,也就是滑动体的长度较大。

在稳定分析结果基础上,采用改进的 Newmark 滑块法对 4 种地震输入工况下的坝体地震滑移变形进行计算分析。

1. 考虑时程竖向加速度影响

当考虑滑块实际竖向加速度来判定屈服加速度时,屈服加速度随着地震时程的变化而变化,充分考虑了实际地震对计算滑动位移的影响。从表 8.29 所示计算结果可以看出,场地谱人工波计算所得的永久位移大于规范谱人工波计算的结果,实测波滑移量最小。上游坝坡瑞典圆弧法线性强度的累计滑动位移最大为 99.454cm,非线性强度的最大滑动位移为 54.668cm；下游坝坡瑞典圆弧法线性强度的最大滑动位移为 89.858cm，非线性强度的最大滑动位移为 53.326cm。上游坝坡简化毕肖普法线性强度的累计滑动位移最大为 47.509cm，非线性强度的最大滑动位移为 20.193cm，下游坝坡简化毕肖普法线性强度的最大滑动位移为 51.519cm，非线性强度的最大滑动位移为场地谱人工波输入的 4.115cm。

表 8.29 坝体滑移变形

圆弧		工况 1		工况 2		工况 3		工况 4	
		滑动位移/cm	占滑动体高度的比例/%	滑动位移/cm	占滑动体高度的比例/%	滑动位移/cm	占滑动体高度的比例/%	滑动位移/cm	占滑动体高度的比例/%
上游	AU1	99.454	0.76	65.981	0.50	20.871	0.16	29.179	0.22
	AU2	47.509	0.37	47.454	0.37	10.931	0.08	21.105	0.16
	AU3	54.668	0.34	14.870	0.09	6.970	0.04	7.288	0.05
	AU4	20.193	0.27	56.830	0.76	5.194	0.07	36.793	0.49
下游	AD1	89.858	0.64	46.392	0.33	16.055	0.12	22.510	0.16
	AD2	51.519	0.55	41.012	0.41	12.715	0.13	31.829	0.32
	AD3	53.326	0.31	37.600	0.22	6.049	0.03	16.174	0.09
	AD4	2.885	0.02	4.115	0.02	0.031	0.00	2.358	0.01

从表 8.29 列出的滑动体的滑动位移与高差的比值可以看出，在场地谱人工波作用下，滑动位移最大为 99.454cm，其占高差的比值仅为 0.76%，也为最大。由于拟静力法稳定计算得到的安全系数为 1.316，满足设计要求，所以坝坡不至于滑动。而这里计算出的地震滑动位移可以设想为滑动体的滑出点固定不变，滑入点相对于滑出点的位移。这样的话，显然最大地震滑动变形相当于 0.76% 的应变，不足以使土体破坏。考虑竖向地震影响的 Newmark 滑块法地震永久变形计算结果表明，最大滑动位移为 99.454cm，超过了瑞典国家规范对低坝规定的控制值（50cm），但由于该坝属高坝，其滑动位移相对于坝高的比值较小。如此滑动位移对应的应变很小，可以认为坝体能够承受如此地震变形，但需要采取一定的抗震措施，以确保大坝的抗震安全。

图 8.29～图 8.36 给出了控制工况（场地谱地震动）下上、下游坝坡最危险滑弧的地震滑移变形发展时程曲线。

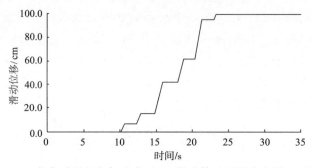

图 8.29　考虑时程竖向加速度 AU1 滑动体地震滑移变形（工况 1）

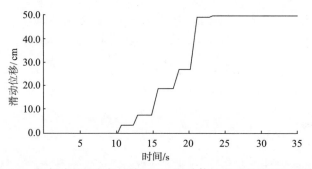

图 8.30　考虑时程竖向加速度 AU2 滑动体地震滑移变形（工况 1）

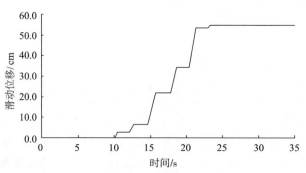

图 8.31　考虑时程竖向加速度 AU3 滑动体地震滑移变形（工况 1）

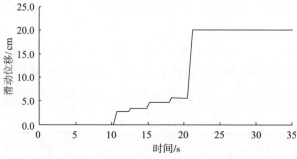

图 8.32　考虑时程竖向加速度 AU4 滑动体地震滑移变形（工况 1）

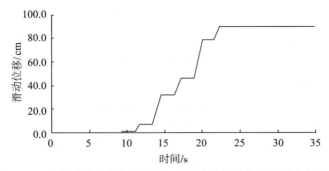

图 8.33　考虑时程竖向加速度 AD1 滑动体地震滑移变形(工况 1)

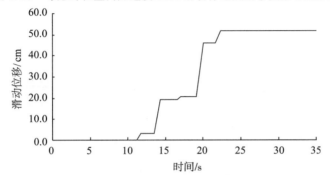

图 8.34　考虑时程竖向加速度 AD2 滑动体地震滑移变形(工况 1)

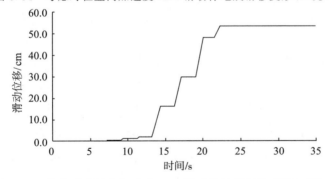

图 8.35　考虑时程竖向加速度 AD3 滑动体地震滑移变形(工况 1)

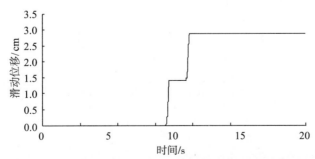

图 8.36　考虑时程竖向加速度 AD4 滑动体地震滑移变形(工况 1)

2. 考虑动强度影响

表 8.30 给出了反滤料、心墙料和坝基砂的地震总应力抗剪强度参数值。表 8.31 给出了各动力工况下综合考虑时程竖向加速度和材料动强度影响的坝坡地震滑移量。

表 8.30 坝体材料地震总应力抗剪强度

试验土料	σ'_0/kPa	k_c	地震总应力抗剪强度 τ_{fs}/kPa		
			N_f/次		
			12	20	30
反滤料（Ⅰ）	375	1.5	183.66	173.59	166.48
	625		282.89	268.08	257.21
	1000		438.40	416.27	400.47
	1875		761.25	725.68	700.48
	3125		1202.05	1150.19	1110.67
坝基砂	375	1.5	144.34	141.28	138.84
	625		215.12	210.54	209.01
	1000		320.58	316.51	313.25
	1875		540.03	535.45	532.39
	3125		833.89	831.34	828.81
汤坝料	375	1.5	191.91	183.94	177.89
	625		287.47	276.33	267.84
	1000		416.66	403.93	393.74
	1875		695.29	676.18	661.86
	3125		1060.65	1036.77	1018.21
新莲料	375	1.5	188.89	182.09	176.99
	625		285.93	278.01	271.77
	1000		421.24	412.18	404.93
	1875		711.68	701.48	694.69
	3125		1098.35	1089.85	1081.36

表 8.31　Newmark 法滑移变形

圆弧		工况 1		工况 2		工况 3		工况 4	
		滑动位移 /cm	占滑动体高度的比例/%	滑动位移 /cm	占滑动体高度的比例/%	滑动位移 /cm	占滑动体高度的比例/%	滑动位移 /cm	占滑动体高度的比例/%
上游	AU1	107.456	0.82	68.804	0.53	21.783	0.17	29.179	0.22
	AU2	53.122	0.41	49.558	0.38	11.52	0.09	21.105	0.16
	AU3	60.379	0.38	15.999	0.10	7.349	0.05	7.288	0.05
	AU4	23.239	0.31	59.134	0.79	5.589	0.07	36.793	0.49
下游	AD1	97.505	0.70	48.553	0.35	16.91	0.12	29.73	0.21
	AD2	57.231	0.57	42.97	0.43	13.498	0.16	31.829	0.32
	AD3	58.581	0.34	39.065	0.22	6.454	0.04	16.174	0.09
	AD4	3.571	0.02	4.447	0.02	0.038	0.00	2.358	0.01

从表 8.31 可以看出,采用动强度进行 Newmark 法坝坡地震永久变形的计算,得到最大滑动位移为 107.5cm,其占滑动体高度的比例为 0.82%。坝体可以承受如此地震变形。

地震时,土颗粒受到水平和竖向地震的往复剪切运动,土体将发生往复变形,致使土颗粒重新排列,土体强度降低,因此在进行动力计算过程中,应该采用动强度来计算滑动体的屈服加速度,以反映动力时程的变化,进而得到动强度和滑动位移之间的关系。

当用土体的动强度并结合时程竖向加速度的影响来确定滑块的屈服加速度时,屈服加速度随着地震时程的变化而变化,滑动体的位移与不考虑竖向加速度滑动体永久位移有较大的差异,8 条圆弧中大多数滑动位移都比单纯用静力抗剪总强度计算的滑动位移有所升高,证实了动强度对屈服加速度以及滑动位移的影响。由计算结果可以得出,场地谱人工波计算所得的永久位移均明显大于规范谱人工波和实测地震波计算的结果。上游坝坡产生的滑动位移大于下游产生的滑动位移,由简化毕肖普法确定的最危险滑动面的累计滑移量均大于由瑞典圆弧法所确定的最危险滑动面的计算结果,线性强度的最危险圆弧滑动面产生的滑动位移明显大于非线性强度圆弧滑动面产生的滑动位移。上游坝坡瑞典圆弧法线性强度的累计滑动位移最大为 107.5cm,非线性强度的最大滑动位移为 60.4cm;下游坝坡瑞典圆弧法线性强度的最大滑动位移为 97.5cm,非线性强度的最大滑动位移为 58.6cm。上游坝坡简化毕肖普法线性强度的累计滑动位移最大为 53.1cm,非线性强度的最大滑动位移为 23.2cm;下游坝坡简化毕肖普法线性强度的最大滑动位移为 57.2cm,非线性强度的最大滑动位移为场地谱人工波输入的 4.4cm。

以考虑动强度场地谱人工波输入 1 地震滑动变形最大值 107.5cm 考虑,此时滑动位移占滑动体高差为 0.82%，由于拟静力法稳定计算得到该滑弧的安全系数为 1.316，所以坝坡不至于滑动。而这里计算出的地震滑动位移可以设想为滑动体的滑出点固定不变，滑入点相对于滑出点的位移。这样的话，显然最大地震滑动变形仅相当于 0.82% 的应变，不足以使土体破坏，认为坝体能够承受此地震变形。

由于各国的地震永久变形的评判标准均适用于高度为 150m 左右的坝体，如瑞典规定深层滑动滑移量不超过 50cm，但这一标准不适合 200m 级高坝的抗震验算。由于目前还没有适合 300m 级高坝的地震滑移变形判别标准，但从计算结果来看，本坝最大滑动位移为 107.456cm，占整体坝高的 0.36%，坝体可以承受此地震变形。

8.3　工程 3——加筋心墙堆石坝工程

8.3.1　工程概况

该工程为心墙堆石坝，坝高 261.5m。该坝属超高坝，工程规模为大（Ⅰ）型，坝址区的地震基本烈度为 7 度。由设计地震动作用下坝体动力响应分析结果可知，坝体顶部 1/5～1/4 坝高区域坝体动力响应最为剧烈，坝体整体地震变形和地震滑移变形较为严重，因此在该区域坝体中拟铺设不锈钢筋提高其整体抗震稳定性[3]。

8.3.2　设计剖面

坝体加筋区域如图 8.37 所示。为便于优化设计分析，在此基础上初步拟定以下 4 种加筋方案，如表 8.32 所示。采用第 6 章中介绍的加筋坝体抗震安全评价方法，在场地谱设计地震动作用下，从动力响应、整体地震变形和地震滑移变形等角度对该加筋坝体进行抗震安全复核。

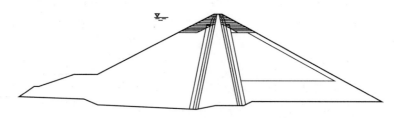

图 8.37　坝体加筋设计方案示意图

表 8.32　坝体加筋设计方案

工况	加筋高程/m	加筋最大长度/m	附加应力/(kN/m²)
1	771.5	50	15
2	771.5	50	30
3	771.5	50	40
4	771.5	50	75

8.3.3　加筋方案计算与分析

表 8.33～表 8.35 给出了各加筋方案下的坝体静力计算结果、动力响应结果和整体地震变形分析结果,可以看出,基于等效附加应力法计算的 4 种加筋方案对坝体静力、动力及永久变形计算影响较小,整个坝体结构加筋前后的应力及变形情况变化不大,满足设计要求。

表 8.33　加筋方案竣工期坝体位移和应力最大值

工况	位移		应力	
	顺河向/cm	竖直向/cm	σ_1/MPa	σ_3/MPa
1	259.2	−431.0	5380.8	1921.5
2	259.2	−431.0	5380.8	1921.4
3	259.2	−431.0	5380.8	1921.5
4	258.7	−430.8	5380.8	1921.7

表 8.34　加筋方案坝体加速度和动位移最大值

工况	绝对加速度/g		动位移/cm	
	顺河向	竖直向	顺河向	竖直向
1	0.553	0.327	33.279	10.544
2	0.553	0.327	33.279	10.544
3	0.553	0.327	33.279	10.544
4	0.552	0.327	33.154	10.389

表 8.35　加筋方案计算坝体永久变形最大值　　　（单位:cm）

工况	永久变形	
	顺河向	竖向
1	52.8	104.0
2	53.7	104.0
3	53.8	104.0
4	52.7	104.0

8.3.4　加筋坝体地震滑移分析

采用蚁群复合形法结合上述安全系数求解方法搜索加筋后坝坡的最危险滑动面的位置及安全系数。

对三种坝体加筋方案采用荷兰法进行了线性强度下的边坡稳定分析。荷载组合为正常蓄水位＋地震,地震烈度为 9 度。计算结果见表 8.36,最危险滑弧位置见图 8.38。

表 8.36　圆弧法稳定分析工况（正常蓄水位＋地震）

工况	加筋情况	附加应力/(kN/m²)	圆弧	圆心	半径	最小安全系数	滑入、滑出点高差
上游	未加筋	0	AU1	209.7960,1187.18	489.7499	1.467	111.88
	加筋	15	AU2	273.3934,1132.38	419.2693	1.663	102.38
	加筋	30	AU3	255.5892,115.82	418.4060	1.715	120.31
	加筋	40	AU4	207.1022,1178.08	498.4944	1.751	135.81
下游	未加筋	0	AD1	737.9530,1195.57	428.8621	1.646	52.444
	加筋	15	AD2	934.8010,1200.00	555.5099	1.698	172.16
	加筋	30	AD3	898.8771,1105.05	164.3650	1.821	180.09
	加筋	40	AD4	902.6858,1124.66	487.1802	1.879	179.71

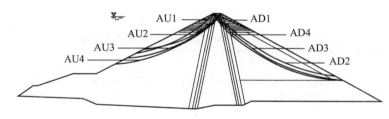

图 8.38　坝体加筋前后最危险滑动面示意图

　　从以上计算结果可以看出，加筋后的坝体边坡稳定性得到显著提高，最危险滑动面朝坝体内部发展，滑弧所处位置随着附加应力的增加逐渐加深，筋材对坝体边坡的约束作用也随之提高，增加了坝体的整体性和承载能力。在未加筋方案中，上游坝坡的最小安全系数为 1.467，下游坝坡的最小安全系数为 1.646；而在加筋方案 4 中，上游坝坡的最小安全系数为 1.751，下游坝坡的最小安全系数为 1.879。可见，加筋方案坝坡稳定安全系数比未加筋坝坡有较大的提高，最大增幅为 19.35%，加筋效果较为显著。

　　表 8.37 给出了考虑竖向地震影响的 Newmark 法计算的坝坡滑移量。

表 8.37　考虑竖向地震影响的 Newmark 法计算坝坡永久变形

圆弧		场地谱	
		滑动位移/cm	占滑动体高度的比例/%
上游	AU1（未加筋）	127.9	1.14
	AU2（加筋）	40.35	0.39
	AU3（加筋）	35.17	0.29
	AU4（加筋）	28.75	0.21

圆弧		场地谱	
		滑动位移/cm	占滑动体高度的比例/%
下游	AD1(未加筋)	25.92	0.49
	AD2(加筋)	24.36	0.14
	AD3(加筋)	19.47	0.11
	AD4(加筋)	18.42	0.11

　　当考虑滑块时程竖向加速度来判定屈服加速度时,屈服加速度随着地震时程的变化而变化,考虑了实际地震对滑动位移的影响。从图 8.39～图 8.44 所示地震滑移量计算结果可以看出,筋材对滑动体滑动位移的影响是十分显著的,筋材增加了坝体的整体性和承载能力,显著产生滑动位移的时间基本上发生在地震最为强烈的时刻,持续时间较短。上游坝坡瑞典圆弧法的累计滑动位移最大为 28.75cm,占整个滑动体高度的 0.21%,远小于未加筋的 127.9cm 以及所占高度的 1.14%,下游坝坡瑞典圆弧法线性强度的最大滑动位移为 18.42cm,从以上计算结果可以看出,最危险滑动体屈服加速度随附加应力的提高得到显著提高,滑动体的滑移量降低幅度较大,满足抗震设计要求。

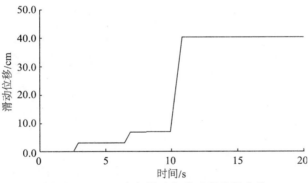

图 8.39　AU2 永久滑动位移时程发展曲线

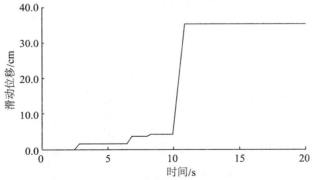

图 8.40　AU3 永久滑动位移时程发展曲线

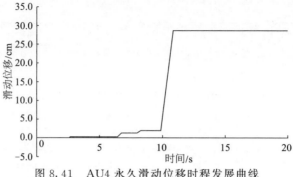

图 8.41　AU4 永久滑动位移时程发展曲线

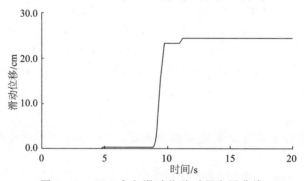

图 8.42　AD2 永久滑动位移时程发展曲线

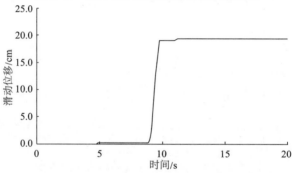

图 8.43　AD3 永久滑动位移时程发展曲线

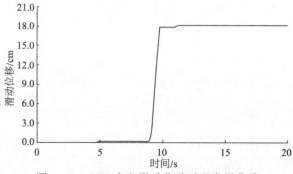

图 8.44　AD4 永久滑动位移时程发展曲线

参 考 文 献

[1] 大连理工大学.糯扎渡高心墙坝坝料特性及结构优化研究课题研究报告.大连:大连理工大学研究报告,2005.

[2] 大连理工大学.长河坝水电站砾石土心墙堆石坝动力有限元分析.大连:大连理工大学研究报告,2006.

[3] 大连理工大学.长河坝加筋堆石坝静动力有限元分析研究报告.大连:大连理工大学研究报告,2006.